Collection Agricultures tropicales en poche
Directeur de la collection
Philippe Lhoste

Comprendre l'agriculture familiale

Diagnostic des systèmes de production

Nicolas Ferraton et Isabelle Touzard
Avec la collaboration d'Édouard Challemel Du Rozier
et Erwan Le Capitaine

Éditions Quæ, CTA, Presses agronomiques de Gembloux

A propos du CTA

Le Centre Technique de Coopération Agricole et Rurale (CTA) a été créé en 1983 dans le cadre de la Convention de Lomé signée entre les États du groupe ACP (Afrique, Caraïbes, Pacifique) et les États membres de l'Union Européenne. Depuis 2000, le CTA opère dans le cadre de l'Accord de Cotonou ACP-UE. Le CTA a pour mission de développer et de fournir des produits et des services qui améliorent l'accès des pays ACP à l'information pour le développement agricole et rural. Le CTA a également pour mission de renforcer les capacités des pays ACP à acquérir, traiter, produire et diffuser de l'information pour le développement agricole et rural.

Le CTA est financé par l'Union Européenne.

partageons les connaissances au profit des communautés rurales
sharing knowledge, improving rural livelihoods

CTA
Postbus 380
6700 AJ Wageningen
Pays-Bas
www.cta.int

Éditions Quæ – c/o Inra – RD 10 – 78026 Versailles Cedex, France
www.quae.com

Presses agronomiques de Gembloux – 2, Passage des Déportés
5030 Gembloux, Belgique
www.pressesagro.be

© Quæ, CTA, Presses agronomiques de Gembloux 2009

ISBN (Quæ) : 978-2-7592-0339-0
ISBN (CTA) : 978-92-9081-419-1
ISBN (PAG) : 978-2-87016-100-5

Sommaire

Préface 5

1. Introduction 7
Pourquoi s'intéresser à l'agriculture familiale ? 7
Le renouveau des métiers du développement 8
Notre approche : l'analyse-diagnostic des systèmes de production 9
Présentation du manuel 13

**2. Connaître le milieu biophysique
et l'organisation de l'espace exploité** 15
Notre porte d'entrée : le paysage 15
Aller du général au particulier 15
Consigner soigneusement les observations 17
Le résultat attendu : un zonage agro-écologique 22
De l'observation émergent de nouvelles questions 22

3. Saisir la dynamique des exploitations agricoles 23
Le concept de système agraire 23
Retracer l'évolution des exploitations agricoles 25
Les résultats attendus 29

4. Comprendre les pratiques culturales 31
La caractérisation d'un système de culture 32
Évaluer les performances techniques des systèmes de culture 44
Évaluer les performances économiques des systèmes de culture 49
Les limites d'un système de culture 57
Mener les enquêtes 57

5. Comprendre les pratiques d'élevage 61
La caractérisation technique des systèmes d'élevage 63
Estimer les performances économiques des systèmes d'élevage 76

**6. Comprendre le fonctionnement
des systèmes de production et les évaluer** 81
Le concept de système de production 81
Identifier les différents systèmes de production 83

Caractériser les différents systèmes de production   84
Évaluer les performances économiques des systèmes de production . .   93
Concevoir le dispositif d'enquête   97

**7. Comparer les systèmes de production :
le retour à l'échelle régionale**   99
Évaluer les besoins.   100
Repérer les autres opportunités de revenu   103
Comparer les revenus dégagés en fonction de la surface exploitée. . . .   104
Des dynamiques interdépendantes.   106

**8. Conclusion : restituer les résultats du diagnostic
aux agriculteurs**.   109
La restitution, une attitude permanente.   109
La réunion de restitution finale   110

Glossaire   113

Bibliographie   119

Index   121

 # Préface

La collection « Agricultures tropicales en poche » a été créée par un consortium réunissant le CTA, les Éditions Quæ et les Presses agronomiques de Gembloux ; elle est liée à la collection anglaise « The Tropical Agriculturalist », publiée par Macmillan et le CTA. Elle comprend trois séries : productions animales, productions végétales et questions transversales. Cette dernière innove en abordant des sujets généraux touchant au développement rural, tels que l'appui aux organisations paysannes, le financement de l'agriculture paysanne et le conseil aux exploitations agricoles.

Cet ouvrage consacré au diagnostic des systèmes de production inaugure la série « transversale ». L'analyse-diagnostic, qui permet de mieux comprendre l'agriculture familiale, prélude en effet à la majorité des travaux de terrain pour le développement. La démarche présentée ici par une équipe de l'Institut des régions chaudes (IRC, ex-Cnearc) propose une nouvelle posture aux agents de développement et autres acteurs du monde rural. Elle met les producteurs au cœur du travail de diagnostic, en vue de permettre une meilleure compréhension des pratiques paysannes et de produire une connaissance partagée. L'objectif est de construire, avec les agriculteurs, le diagnostic et des solutions pour améliorer leurs systèmes de production.

Philippe Lhoste
Directeur de la collection

1. Introduction

Pourquoi s'intéresser
à l'agriculture familiale ?

Le développement de services de qualité, au bénéfice des agricultures familiales des pays du Sud, revêt un enjeu économique et social considérable.

Tout d'abord, parce que l'agriculture familiale rassemble une grande partie de l'humanité. En effet, au sein de la population rurale mondiale, qui représente encore 41 % de la population de la planète, 43 % des actifs travaillent dans l'agriculture, soit environ 1,4 milliard de personnes, et 96 % résident dans les pays du Sud. Dans l'immense majorité des exploitations agricoles, ce sont les membres de la famille qui constituent la force de travail.

Ensuite, parce que l'agriculture familiale concentre la majorité des pauvres de la planète. Un milliard d'entre eux ne disposent que d'un outillage manuel pour produire, et plus de 700 millions d'agriculteurs sont sous-nutris. Il est maintenant admis que le désengagement des États prôné dans les années 1990 a largement contribué à cet appauvrissement croissant des campagnes. Dans le cadre des Objectifs du Millénaire pour le Développement, les mesures de soutien aux politiques de lutte contre la pauvreté menées depuis 2000 dans de nombreux pays ont amené les États et leurs partenaires à se pencher à nouveau sur l'agriculture familiale. Mais c'est en tant que pauvres, et non en tant qu'acteurs de la sphère productive, que les agriculteurs ont longtemps été considérés. D'autant plus que pour beaucoup de responsables politiques, seules les exploitations à haut niveau capitalistique, basées sur le salariat, sont susceptibles d'impulser le développement agricole d'un pays.

Pourtant, l'agriculture familiale rend de nombreux services à la société : production alimentaire, création d'emplois en milieu rural, équilibre des territoires. Dans des contextes d'échanges et de production de plus en plus défavorables – témoin les crises alimentaires que traversent de nombreux pays –, elle démontre sa flexibilité et ses capacités d'adaptation ; sa part dans les échanges marchands et dans l'approvisionnement des marchés nationaux augmente. Ce constat, initialement porté par les organisations professionnelles agricoles, est désormais repris par des bailleurs de fonds tels que la Banque mondiale et par les gouvernements qui, à nouveau, voient dans le secteur agricole familial un des principaux leviers de développement économique et social des pays les plus pauvres.

Le renouveau des métiers du développement

Le désengagement des États du secteur agricole, qui s'est accru dans les pays en développement sous l'impulsion des politiques d'ajustement structurel des années 1990, a laissé une large place à la société civile et aux organisations professionnelles dans la gestion et l'animation du développement. De nouvelles formes d'appui au monde agricole, basées sur le partenariat, ont émergé. Il ne s'agit plus tant de transférer vers les agriculteurs des paquets technologiques plus ou moins complexes, élaborés dans les centres de recherche. L'enjeu aujourd'hui est de les accompagner dans leurs prises de décision pour concevoir et opérer les changements techniques et organisationnels les plus adaptés à leurs moyens et à leurs objectifs, dans des contextes économiques et écologiques de plus en plus contraignants.

Les nouvelles fonctions de l'agent de développement, qui résultent de ces conceptions revisitées de l'appui aux producteurs, sont résolument fondées sur une posture de compréhension et de dialogue avec les agriculteurs ; elles exigent de nouvelles compétences. Dorénavant, le technicien doit être capable de comprendre les choix des producteurs en matière de production, de transformation et de mise en marché, et d'identifier les moteurs techniques, économiques et sociaux qui les amènent à se consacrer à telle ou telle activité, à adopter telle ou telle technique. Ces compétences reposent à la fois sur la maîtrise d'outils d'analyse systémique des exploitations agricoles et sur des capacités d'observation et d'écoute active.

Ce manuel méthodologique s'adresse à ces agents de développement d'un nouveau type ainsi qu'à leurs formateurs. Il vise à renforcer leurs capacités à décrire les pratiques des agriculteurs, à en comprendre les cohérences et à en évaluer l'efficience et la durabilité. Les outils qu'il présente doivent permettre à tout un chacun de produire une connaissance partagée à partir de données recueillies au plus près des agriculteurs. Cette connaissance pourra, à son tour, être le support d'échanges pour un diagnostic construit avec les agriculteurs et pour la recherche de solutions en partenariat.

Notre approche : l'analyse-diagnostic des systèmes de production

De nombreux enseignants et chercheurs ont contribué à la construction d'approches systémiques en agriculture. Nous ne les citerons pas tous ici. Cependant, nous souhaitons mettre en exergue les apports fondamentaux de la chaire d'agriculture comparée de l'Institut des sciences et industries du vivant et de l'environnement (AgroParisTech) et du département Système agraire et développement de l'Institut national de la recherche agronomique (Inra). Menés sur des champs d'étude situés dans les pays du Sud, les travaux d'équipes du Centre de coopération internationale en recherche agronomique pour le développement (Cirad) et de l'Institut de recherche pour le développement (IRD) ainsi que ceux des enseignants de l'Institut des régions chaudes (IRC, anciennement le Centre national d'études agronomiques des régions chaudes ou Cnearc) ont également permis d'enrichir les propositions méthodologiques rassemblées dans cet ouvrage (Cochet, 2005).

▶ L'agriculture, un objet complexe

Le premier contact avec l'agriculture d'une petite région suscite généralement une impression de grande complexité. Les processus biologiques à l'œuvre au fil des saisons semblent – ou sont – soumis à de nombreux facteurs tels que la nature des sols souvent très hétérogènes, la pluviométrie parfois capricieuse et les températures qui varient avec l'altitude ou avec l'exposition. Par ailleurs, l'éventail des pratiques des agriculteurs est souvent bien large. Les résultats qu'ils obtiennent sur leurs parcelles et avec leurs troupeaux sont quant à eux très dépendants des marchés des produits, des semences, des engrais, des équipements.

Les exploitations agricoles sont elles-mêmes souvent très diverses : certaines reposent essentiellement sur le travail d'une famille, d'autres ont recours à une main-d'œuvre salariée abondante. Elles ont souvent des niveaux d'équipement et des disponibilités foncières très disparates et mènent des activités d'élevage et de culture souvent distinctes. Certaines sont spécialisées dans les cultures annuelles, d'autres se basent avant tout sur les cultures pérennes ou sur l'élevage, d'autres encore combinent ces différentes productions.

▷ L'agriculture, une réalité dynamique

La conséquence directe de cette diversité est que les agriculteurs ont des contraintes multiples et des intérêts parfois contradictoires. Compte tenu de l'accès au marché, des surfaces, de la main-d'œuvre et des équipements disponibles, certains agriculteurs peuvent avoir intérêt à développer l'élevage bovin, par exemple, ou à se consacrer à la riziculture. D'autres n'auront peut-être pas d'autre option que de céder leurs terres pour chercher un emploi plus rémunérateur en zone urbaine.

L'agriculture n'est jamais statique. Le jeu des intérêts et des contraintes des différentes catégories d'agriculteurs entraîne des évolutions permanentes et souvent plus rapides qu'on ne l'imagine.

▷ Les fonctions du diagnostic

Les agronomes et les techniciens travaillant dans le développement agricole doivent donc être en mesure d'appréhender les conditions complexes dans lesquelles les producteurs opèrent, et de comprendre leurs intérêts et leurs contraintes. En fonction du rôle qu'ils sont amenés à jouer, des capacités d'observation et d'analyse sont nécessaires dans de multiples situations professionnelles, notamment :
– pour établir un dialogue permanent avec les agriculteurs, dans un dispositif d'appui à la formulation de leurs problèmes et à la recherche de solutions ; cela peut concerner aussi des chercheurs et des formateurs ;
– pour envisager, dans la préparation d'un projet de développement ou d'une politique, des thèmes et des modes d'intervention raisonnés, dans la mesure où ils se fondent sur une connaissance préalable de la réalité et visent à lever des contraintes ou à modifier des intérêts individuels tout en gardant un objectif d'intérêt général.

▷ Une démarche systémique

La démarche proposée ici pour connaître et comprendre le fonctionnement des exploitations agricoles est systémique. C'est-à-dire qu'elle mobilise différentes disciplines comme l'agronomie, l'économie et la sociologie, mais ce n'est pas là sa véritable originalité. Elle repose surtout sur le postulat de l'interaction de tous les éléments qui composent la réalité que l'on étudie. L'analyse systémique porte donc autant sur les interactions que sur les éléments eux-mêmes.

La démarche va du général au particulier. Elle comporte différentes étapes qui portent sur des échelles d'analyse de plus en plus fines.

Chaque étape apporte une série de questions qui ne trouveront de réponse qu'en changeant d'échelle d'analyse. Le niveau de détail que l'on recherche à chaque étape est ainsi déterminé par l'étape précédente.

Nous serons donc amenés à conduire les observations en considérant au moins quatre échelles, entre lesquelles des allers et retours se feront en permanence :
– la région, pour identifier les bassins d'activités ou les centres urbains et, en allant parfois jusqu'à explorer l'échelle nationale et/ou internationale, pour connaître l'organisation spatiale, économique et sociale des filières et des marchés ;
– le village ou, selon les pays, la communauté ou la commune qui constitue une unité territoriale et humaine où s'établissent des règles de gestion des ressources fondées sur l'organisation politique et administrative locale ;
– l'unité de production, au niveau de laquelle nous pouvons appréhender d'autres formes d'organisation sociale, souvent familiales, qui régissent en grande partie les choix de production, la gestion de la main-d'œuvre, la mobilisation des outils de production et du patrimoine ;
– la parcelle et/ou le troupeau, où sont décrits et analysés les itinéraires techniques mis en œuvre par les agriculteurs, et les résultats qu'ils en tirent.

De la même façon, pour éviter de collecter des informations inutiles, la compréhension qualitative précède toujours l'évaluation quantitative. La quantification (des quantités produites, des quantités de biens, de services et de travail utilisées, et de leurs prix) représente l'étape la plus lourde. Il est donc souhaitable d'en limiter l'ampleur par une bonne compréhension préalable des mécanismes en jeu.

◗ Une démarche de dialogue...

Au-delà de la méthode développée et des savoir-faire qui y sont liés, la démarche requiert des attitudes particulières, propices à la construction collective des connaissances, ainsi que de nouveaux comportements professionnels avec les agriculteurs.

En effet, dans le développement rural il n'y a pas un savoir détenu par quelques-uns, que des répétiteurs seraient chargés de diffuser auprès d'exécutants. L'agriculteur est également détenteur et producteur de savoirs et de savoir-faire. Cela suppose d'envisager le temps d'enquête non comme un interrogatoire, mais comme un moment d'écoute active qui permet à l'agriculteur de s'exprimer sur sa situation et, de ce fait, de prendre du temps pour le recul et la réflexion.

En outre, dans la définition de politiques ou de stratégies de développement agricole, les décisions sont trop souvent prises loin des réalités du terrain. Les agronomes doivent désormais s'attacher à prendre en compte les conditions réelles dans lesquelles les agriculteurs exercent leur métier. Formés à l'analyse-diagnostic de systèmes de production, les techniciens pourront forger leur jugement sur la situation vécue par les producteurs, à partir de leurs propres observations et de l'analyse d'informations qu'ils pourront recueillir eux-mêmes au gré de leurs activités professionnelles.

... fondée sur l'observation et l'écoute

Une originalité de la démarche est qu'elle permet de mener des diagnostics dans des régions où aucune information préalable n'existe, en se fondant sur les deux sources d'informations que sont les observations directes et les enquêtes auprès des agriculteurs.

Heureusement, dans de nombreux endroits, des écrits existent. La consultation de ces documents peut faciliter le travail. Cependant, le technicien doit être suffisamment initié à l'exercice pour être capable de faire la part entre les écrits de réelle valeur scientifique et ceux qui ne sont porteurs que de jugements de valeur. De bons travaux de géomorphologues, d'historiens ou d'agronomes peuvent apporter beaucoup. Les données statistiques, quant à elles, doivent être utilisées avec énormément de précautions. Il est généralement difficile de déterminer à l'avance et sans *a priori* les axes pertinents vers lesquels orienter la recherche bibliographique. Il arrive que l'on se « perde » dans des lectures qui se révèlent inutiles finalement. En revanche, une fois l'étude amorcée, il est intéressant, et nécessaire, de rechercher des documents complémentaires. Les consultations bibliographiques apportent d'autant plus que nous savons ce que nous cherchons (hypothèses à vérifier, données historiques difficiles à obtenir par enquêtes) et que, ayant construit notre point de vue, nous disposons d'un regard critique sur les informations secondaires et sur les analyses portées par autrui.

Quoiqu'il en soit, sans une présentation claire des objectifs poursuivis aux agriculteurs et villageois, le diagnostic risque fort d'être peu fructueux. Il est indispensable, avant de se lancer dans l'exercice, de se présenter aux autorités villageoises et d'expliquer le but des observations et des entretiens. Il peut être utile de demander aux représentants d'avertir l'ensemble de la communauté de votre présence sur le terrain et d'en préciser les motifs, le respect de ce protocole garantissant le bon déroulement de l'étude. Enfin, au début de chaque entretien, les objectifs du travail ainsi que les grands traits de la démarche et du traitement qui sera fait des informations doivent être présentés. Ce n'est pas du temps perdu, il en va de la qualité des échanges par la suite.

Présentation du manuel

Le manuel propose donc une démarche et des outils permettant de décrire, de comprendre et de comparer le fonctionnement et les résultats des exploitations agricoles d'une petite région. Nous entendons par petite région l'espace qui constitue le plus fréquemment l'échelle de travail d'un agent de développement : un ensemble de villages, un bassin versant, une commune rurale. Nous nous situons donc dans les ordres de grandeur de plusieurs dizaines, voire centaines de kilomètres carrés.

Pour des raisons pédagogiques, la démarche est présentée selon une suite logique de différentes étapes. En réalité ces étapes ne sont pas cloisonnées. Sur le terrain, elles peuvent être menées de façon itérative : les acquis de l'étape n + 1 peuvent amener à questionner les résultats de l'étape n ou n − 1, et les enrichir. Ce manuel est illustré par des figures issues, pour la plupart, d'une étude de cas réalisée en Haïti, au lieu-dit Lakou Cadichon sur le Plateau central, en partenariat avec les étudiants et les enseignants de la Faculté d'agronomie et de médecine vétérinaire de Port-au-Prince (FAMV). Six fiches techniques visant à faciliter le recueil de données jalonnent le manuel.

2. Connaître le milieu biophysique et l'organisation de l'espace exploité

Notre porte d'entrée : le paysage

Il peut être tentant de vouloir rapidement s'entretenir avec les premières personnes rencontrées, mais il est bien difficile de discuter d'un objet que l'on ne connaît pas. C'est pourquoi il est opportun de commencer l'étude par l'observation des paysages. Ces premières observations peuvent rapidement constituer la base d'entretiens avec les agriculteurs, rencontrés soit sur le terrain au gré des observations, soit lors des enquêtes suivantes.

Par ailleurs, en tant que forme d'exploitation par l'homme d'un ou plusieurs écosystèmes à des fins de production animale et végétale, l'agriculture est par définition une activité économique dont la particularité est de s'ancrer dans un milieu biophysique et climatique donné. Connaître ce milieu est nécessaire pour en comprendre les formes d'artificialisation.

Lors de cette première étape, l'objectif est donc de dépeindre l'environnement biophysique des exploitations agricoles, d'en identifier les différentes unités et de décrire la manière dont les agriculteurs les exploitent. Il s'agit de collecter les informations sur les facteurs d'ordre physique et agro-écologique (topographie, géologie, pédologie, hydrographie, climat, botanique). Ces facteurs, combinés les uns avec les autres et, ultérieurement, avec d'autres éléments techniques et socio-économiques, pourront contribuer à expliquer les différents types de cultures, de champs, de pâtures et de parcours observés, ainsi que leur localisation (Lizet et de Ravignan, 1987). Comment procéder ?

Aller du général au particulier

Avant de s'attarder sur des détails, il est préférable de s'intéresser aux grands ensembles du paysage, ou unités de paysage, considérés comme des espaces homogènes du point de vue de leur modelé et de l'apparence de la végétation cultivée et spontanée (couleurs, aspect). Il est important de les identifier et de les situer les uns par rapport aux autres. Cette démarche revient à émettre des premières hypothèses sur les relations existant entre le milieu physique et l'occupation du sol.

Pour ce faire, nous conseillons d'exploiter les cartes topographiques existantes, puis de parcourir à pied la zone d'étude avec comme premier objectif de réaliser des observations à partir de points hauts, s'il en existe dans l'espace étudié ou à proximité.

La fiche 1 explique comment tirer parti des cartes topographiques dans notre démarche de diagnostic. La figure 1 (planche 1, cahier hors-texte) illustre une façon de procéder pour choisir les points hauts.

Ensuite, il est nécessaire de mener des observations détaillées pour mieux caractériser les différentes unités de paysage préidentifiées, pour vérifier ou infirmer les hypothèses construites à partir des points hauts (par exemple, telle culture est majoritairement présente sur les fortes pentes, telle autre auprès des cours d'eau) et pour en émettre de nouvelles. Il faudra pour cela sillonner le terrain. Les circuits ou transects sont choisis de façon à observer la plus grande diversité possible d'ensembles agro-écologiques, perçue au travers des lectures de paysage et de l'analyse des cartes. Pour cette raison, les parcours ne se font pas obligatoirement selon un trajet linéaire. Il est conseillé de se déplacer lentement pour avoir le temps d'observer et de noter tous les indices du paysage qui renseignent sur le milieu et son exploitation.

Enfin, en prenant de nouveau de l'altitude, c'est-à-dire en retournant sur des points hauts ou en reprenant les cartes, il sera possible de vérifier à plus large échelle les observations et les suppositions faites dans les parcelles et d'émettre de nouvelles hypothèses.

Les observations à partir de points hauts, ou lectures de paysage, ne sont pas toujours aisées. C'est le cas dans les pays au relief particulièrement peu accentué (Sahel) ou « encombré » de végétation haute et dense (forêt équatoriale). On peut alors rechercher des bâtiments ou des antennes qui permettent de prendre un peu de hauteur. Même si rien de cela n'est possible, l'important est de respecter la démarche allant du général au particulier et de tenter, essentiellement par l'étude de cartes et de photos aériennes ou satellites et par des entretiens avec des personnes connaissant bien la zone étudiée, d'identifier les grands types de modelés et d'écosystèmes dans la zone étudiée, avant de mener des observations détaillées.

→ **Fiche 1**

La lecture d'une carte topographique

Les cartes de la région, si elles existent et sont récentes, servent à se repérer, à se situer sur le terrain ; elles peuvent surtout apporter une somme considérable d'informations, mais elles ne doivent en aucun cas se substituer aux observations.

1. Les différentes clés de lecture d'une carte

• L'orientation : repérer le nord géographique et orienter la carte sur le terrain
• L'échelle : sur une carte au 50 000ᵉ (deux centimètres représentent un kilomètre)
• La légende
• L'équidistance (différence d'altitude entre deux courbes de niveau) et les altitudes
• La date d'édition de la carte : pour connaître la validité des informations concernant la « surface » comme la végétation, les habitations, les infrastructures (routes, carrières, mines ou autres)

2. Les informations fournies par une carte topographique

• Le relief : localisation des montagnes, coteaux, dépressions, plateaux, gorges, plaines, terrasses alluviales, modelés et pentes, altitudes
• L'emplacement des sources et des cours d'eau (ruisseaux, rivières, fleuves), leur régime et le sens d'écoulement des eaux
• Les modelés, dont l'examen, combiné avec celui du réseau hydrographique, nous renseigne sur les types de roche en place
• La localisation des zones d'habitat et leur mode de répartition, concentré ou dispersé
• Des informations sur les grands types de végétation existante
• Parfois la forme et la taille des parcelles
• Les noms de villages et de lieux-dits (toponymie), qui nous éclairent parfois sur le milieu ou sur l'histoire du peuplement

Consigner soigneusement les observations

Au cours de l'avancée sur le terrain, il importe de décrire avec soin les éléments observés, en les situant et sans chercher à nommer ce que l'on ne connaît pas, sans quoi il est facile d'émettre des jugements de valeur. Il est nécessaire d'utiliser un vocabulaire qui restitue réellement les observations et non des interprétations prématurées. Mieux vaut par exemple décrire précisément une formation végétale, en relevant les espèces et leur importance relative, plutôt que de qualifier rapidement la parcelle d'« abandonnée » ou de « mal entretenue ». L'enjeu n'est pas de nommer à tout prix tous les sols rencontrés à l'aide des classifications existantes, ou de les qualifier de riches, pauvres ou fertiles, mais bien d'en donner une description la plus détaillée et utile possible : couleur, profondeur, texture, structure, charge en cailloux, richesse en matière organique. La toponymie et le vocabulaire des langues locales sont généralement très précis ; il est nécessaire de les consigner avec rigueur. En cas de doute, des échantillons de roche ou de végétation peuvent être prélevés pour être identifiés ultérieurement avec des personnes ressources ou à l'aide de flores.

Des entretiens avec les agriculteurs, menés face au paysage ou lors d'un transect, permettent d'aiguiser le regard et de percevoir des différences ou des nuances de sol, de végétation ou autre, qui peuvent se traduire par des différences dans les modes d'exploitation et qui n'avaient pas été perçues dans un premier temps (le cas des zones pastorales est exemplaire à ce titre). Ces observations peuvent être reportées dans des tableaux : en lignes, chaque station d'observation et en colonnes, les différentes rubriques. Des croquis sont souvent utiles. Ils aident à rendre compte, par exemple, de la végétation sur chacune des unités de modelé observées depuis un point donné, ou de décrire une association particulière de végétaux (espèces, étages, disposition) dans une parcelle. Mais que faut-il observer ?

❙❙❱ La morphologie du paysage et l'agencement des espaces cultivés et « naturels »

Il existe d'étroites relations entre le relief (ou l'altitude) et les potentialités agronomiques d'un milieu. Pour bien les mettre en évidence, nous suggérons de commencer par identifier et décrire les grands ensembles topographiques tels que vallées, plateaux, plaines et chapelets de collines. Ces ensembles sont considérés comme autant d'unités ayant une morphologie (une forme, un modelé) donnée. Autour d'eux s'organisent les écoulements d'eau, les migrations d'éléments et l'accumulation des matériaux qui forment progressivement les sols. Pour mener l'observation des formes générales du paysage, les décrire puis les nommer, l'utilisation des termes proposés par la géomorphologie est très utile.

Les parcelles cultivées sont repérées dans le paysage et décrites : taille, forme, proportion des unes par rapport aux autres. On identifie de la même façon les formations végétales arborées, arbustives et herbacées, en prenant soin de différencier la végétation spontanée de la végétation cultivée et les espèces pérennes des espèces annuelles.

À l'échelle des parcelles, lors des parcours, on relève les caractéristiques physiques des sols (charge en cailloux, structure, texture), l'appréciation possible de la fertilité (teneur en matière organique, couleur de la terre, accumulation de sols en bas de pente, griffes d'érosion), les ressources en eau, les aménagements, les espèces végétales présentes cultivées ou non, etc., afin de comprendre comment les différentes activités agricoles s'agencent dans le milieu.

La saison à laquelle le parcours est réalisé a une grande influence sur les observations effectuées. En période de cultures, il est possible de noter directement la localisation des espèces et des variétés en fonction des sols, de la pente, de l'altitude, et parfois d'observer certaines pratiques paysannes. En saison sèche, on obtient d'autres informations, par exemple ce que les agriculteurs font des résidus de culture ou les lieux où ils emmènent les animaux pâturer. Quelques indices demeurent, mais l'observation du milieu apporte beaucoup moins qu'en saison des pluies. Là encore, les entretiens sur le terrain avec des agriculteurs ou des éleveurs permettront de surmonter en partie cet obstacle.

L'occupation humaine et l'habitat

Une source d'informations abondante et riche s'offre à l'observateur qui traverse les villages. Tout d'abord, la position des villages dans le paysage doit être relevée. Sont-ils implantés dans les vallées, sur les coteaux ou, au contraire, au sommet des montagnes ? Sont-ils situés à proximité des cours d'eau, des sources, des grands axes routiers, des marchés ?

L'agencement des maisons les unes par rapport aux autres, la densité des habitations, la dispersion ou au contraire le regroupement de l'habitat, le nombre et l'emplacement des cases au sein d'une concession sont autant d'informations sur la structure de la société et sur son fonctionnement. Si, par exemple, les concessions isolées comprennent plusieurs maisons mitoyennes, l'observateur peut se demander si ces différentes unités de résidence correspondent à différentes unités de production, indépendantes les unes des autres, ou si l'ensemble de la famille travaille de concert sur les mêmes parcelles. Des entretiens avec les villageois à cette étape de l'investigation apporteront l'éclairage nécessaire pour valider ces hypothèses émises au gré des observations.

L'aspect général des habitations, la taille et le nombre de cases dans une concession ainsi que les matériaux de construction peuvent être également des indicateurs du niveau de revenu des agriculteurs. Les matériaux de construction témoignent aussi de la diversité des roches et des matières (argile, bouse, terre, joncs, paille, branche, bois) disponibles dans la région.

Les équipements agricoles disposés à proximité des maisons fournissent des informations sur les produits agricoles importants, ainsi que sur le niveau de capitalisation des agriculteurs : repérage des aires de stockage, des silos ou des greniers et du gros outillage agricole (motoculteurs, motopompes, pulvérisateurs ou autres).

Les parcs à bétail et le nombre de têtes de bétail, aisés à repérer autour des cases ou dans le paysage, livrent des informations sur les types d'élevage menés. La présence d'animaux de trait renseigne sur l'utilisation de la culture attelée dans la région.

La fiche 2 rassemble les éléments constitutifs d'un paysage sur lesquels l'observation de terrain doit porter.

Les figures 2 et 3 (planches 2 et 3, cahier hors-texte) montrent comment, lors d'une lecture de paysage, des liens peuvent être relevés entre unités topographiques, habitat et espèces cultivées.

→ **Fiche 2**

Les éléments constitutifs du paysage : guide d'observation

1. La géomorphologie, l'hydrographie et les sols

• Quelles sont les formes du relief : bas-fonds, interfluves, glacis, replats sommitaux, affleurements rocheux ?
• Quelles sont les ressources en eau : cours d'eau permanents ou saisonniers, variation des niveaux et sens des écoulements, sources, ravines ?
• Comment se présentent les sols : couleur, texture, profondeur, humidité, structure, pierrosité, caractéristiques de la roche mère ?

Les observations géologiques et pédologiques peuvent être faites à partir de coupes et d'affleurements naturels, par exemple en bordure des rivières, sur le bord des routes et des chemins, et aux endroits où la végétation a en partie disparu en raison des activités de l'homme ou de l'érosion.

2. La végétation

La végétation spontanée, composition et diversité floristique

• Les formations arborées et les formations arbustives : importance, description, types d'arbres, localisation. Traces d'utilisation ? Jachères ?

• Les formations herbacées : importance, description, localisation, usage (pâturage ou jachère).

La végétation cultivée

• Les cultures pérennes : vergers, haies ou arbres disséminés dans les champs ou pâturages. Quels types d'arbres ? Quelles localisations ? Quelle densité ?

• Les cultures annuelles : taille des champs, type de cultures et associations, densités culturales, travail du sol, pratiques culturales et stade végétatif le jour de l'observation.

Quelles sont les proportions relatives des formations végétales ?

3. La forme des parcellaires, les aménagements et les traces de pratiques culturales

• Les champs sont-ils fermés, ouverts, en lanière, dans le sens de la pente ?

• Y a-t-il des talus, des fossés, des rigoles, des drains, des infrastructures et des pratiques d'irrigation, des captages de sources, des clôtures, des haies, des murs secs, des rampes ?

• Les traces de pratiques culturales : traces de défrichages (souches) ou de brûlis (cendre, charbon), traces de travail du sol tel que labour à la charrue, à la houe, désherbage, taille.

4. Les constructions : habitations, villages, chemins, routes et aménagements

• Comment est construit le village ? De quelles infrastructures bénéficie-t-il (électricité, forage, dispensaire, école ou autre) ?

• Comment est organisé l'habitat ? Quels matériaux de construction ?

• Y a-t-il des constructions hors du village ? Quelles sont leurs fonctions (parcs à animaux, campement ou autre) ?

• Combien y a-t-il de routes et de chemins ? Quel est leur état ? Sont-ils accessibles aux véhicules toute l'année ?

• Y a-t-il des aménagements tels que digues, forages, clôtures ?

5. Les animaux

• Les animaux sauvages éventuels (gibier, poisson)

• Les animaux d'élevage : type (espèces et races), nombre, localisation, habitat (écuries, étables, enclos, parcs, clôtures, etc.), magasins et matériels (stockage, harnachement, piquets et cordes, outils de culture attelée, charrettes, etc.)

Le résultat attendu :
un zonage agro-écologique

Les allers et retours entre lectures de paysage à partir de points hauts, parcours et cartes topographiques permettent petit à petit de définir des constantes. Par exemple, telle partie de la topo-séquence (bas-fonds, bas de pente, milieu de pente, replat, plateau, sommet) est le plus fréquemment occupée par tel type de culture ou tel type de végétation spontanée. Peu à peu, il devient possible d'élaborer le zonage agro-écologique de la région étudiée. Par zonage agro-écologique, nous entendons non seulement l'identification des unités de l'écosystème exploitées de manière similaire, mais aussi la caractérisation biophysique et agronomique de chacune de ces unités et leur localisation les unes par rapport aux autres. Il s'agit donc d'une construction abstraite qui peut être restituée sous forme de coupes schématiques en deux dimensions, de blocs diagrammes en trois dimensions – pour les bons dessinateurs – et de tableaux. Dans ces tableaux seront reportés, en colonnes, les différentes unités rencontrées et, en lignes, les différents éléments de caractérisation : topographie, géologie, sols, végétation spontanée, végétation cultivée, taille et forme des parcelles, cours d'eau et systèmes d'irrigation, aménagements, habitat. La figure 4 (planches 4 et 5, cahier hors-texte) donne un exemple de coupe schématique situant différentes zones agro-écologiques en fonction de leur situation topographique.

De l'observation émergent
de nouvelles questions

Même s'il n'est évidemment pas possible de saisir toute la complexité de l'agriculture par simple observation, l'analyse de paysage permet de formuler de nombreuses questions et hypothèses qui guideront la suite de l'investigation. C'est aussi un excellent point de départ pour enclencher les échanges avec les agriculteurs. En effet, beaucoup de questions demeurent concernant les relations existant entre le milieu et les modes de mise en valeur, la fertilité des différentes parties de l'écosystème, leur utilisation par l'homme au fil des saisons et des années. Même si l'attitude et les outils de l'observation que nous venons de décrire doivent être mobilisés tout au long de l'étude, il nous faut maintenant passer à une autre étape.

3. Saisir la dynamique des exploitations agricoles

De génération en génération, les agriculteurs ont façonné leur terroir. Le paysage que nous observons n'est autre que le résultat des pratiques de culture et d'élevage qu'ils ont développées et des aménagements qu'ils ont progressivement réalisés. Le paysage, pris en instantané, nous livre aujourd'hui le fruit de cette évolution. Mais au fil des observations, des questions se posent.

Les différents espaces examinés, qu'ils soient cultivés, en friche, boisés ou en pâture, sont-ils statiques ? Des dynamiques d'émergence, d'expansion ou de régression sont-elles au contraire à l'œuvre aujourd'hui ? Quelles sont les évolutions techniques et sociales en cours que traduisent les dynamiques spatiales observées ?

Les pratiques, les outils, les espèces cultivées et élevées, les rapports entre les hommes étaient-ils autrefois différents ?

Quels sont les événements et les processus qui, au cours de l'histoire, ont généré de nouvelles formes d'agriculture et de nouveaux paysages ?

Le concept de système agraire

Pour répondre à ces questions, nous nous proposons de retracer et de dater l'évolution des activités agricoles. Nous aurons également pour objectif d'établir des liens entre les transformations techniques et sociales constatées dans la société agraire étudiée et l'évolution du contexte social, économique et politique à l'échelle locale, nationale, voire internationale.

À cette fin, nous mobiliserons le concept de système agraire. Ce concept permet d'appréhender la façon dont une société rurale exploite son milieu, dans toute sa complexité, et de décrire les transformations de cette agriculture au cours de l'histoire. Un système agraire peut être défini comme « [...] un type d'agriculture historiquement constitué et géographiquement localisé, composé d'un écosystème cultivé caractéristique et d'un système social productif défini, celui-ci permettant d'exploiter durablement la fertilité de l'écosystème cultivé correspondant. Le système productif est caractérisé par le type d'outillage et d'énergie utilisé pour défricher l'écosystème, pour renouveler et exploiter sa fertilité. Le type d'outillage et d'énergie utilisé est lui-même conditionné par la division du travail régnant dans la société de l'époque. » (Mazoyer et Roudard, 1997) Cette conception nous amène à définir, au cours de l'histoire :

– des périodes dans lesquelles les paysages, les pratiques, la société et son environnement économique et social sont décrits dans un état stable ou en croissance continue, et s'inscrivent dans une agriculture reproductible ;

– des phases de recomposition et d'émergence de nouvelles agricultures, en réponse à des crises plus ou moins longues, plus ou moins violentes. Elles sont vues comme des phases où l'agriculture pratiquée ne satisfait plus les besoins de la société qui en vit et ne permet plus d'assurer le renouvellement de l'écosystème cultivé (crise de fertilité), ni le renouvellement des moyens de production. Ces crises apparaissent sous l'effet de dynamiques internes telles que la croissance démographique, combinées avec des événements et processus externes (tendances relatives des prix des produits agricoles, des intrants et des salaires, changements de politique agricole, urbanisation ou autre).

Cela nous amène à porter une attention particulière aux aspects méthodologiques suivants.

L'identification de périodes est délicate, car la notion de stabilité d'une agriculture est toute relative. Cette opération dépend du degré de finesse que l'on souhaite et que l'on peut atteindre. Que l'histoire d'une agriculture – l'objet de l'étude – soit déclinée sur plusieurs siècles (ou millénaires) ou ne s'attarde qu'aux 60 ou 80 dernières années, le nombre de périodes définies dépend en grande partie du temps et des moyens (archives accessibles, sources bibliographiques, moyens d'enquête) dont on dispose. Poussé à l'extrême, le découpage en périodes pourrait être infini. Cependant, il convient, dans un premier temps, de s'éloigner du détail pour comprendre les grandes phases de l'histoire agraire. Dans tous les cas de figure, les périodes sont définies à partir de la reconstitution des activités agricoles et d'élevage et de leurs transformations, en relation avec les évolutions et les événements sociaux, économiques et politiques.

Les périodes de recomposition sont des moments charnières où des formes d'exploitation régressent et d'autres émergent, où des mouvements sociaux importants s'opèrent. Dans l'histoire, il est important de faire la part entre les moments où les signes précurseurs d'une transformation apparaissent (par exemple, telle nouvelle variété est « introduite », telle innovation est « adoptée » par des paysans « pilotes ») et le moment où le changement se généralise.

Enfin, il faut être très prudent quand on se risque à expliquer les changements et donc à établir des relations de cause à effet. Fréquemment, des explications simples, mono-causales, sont avancées pour expliquer, par exemple, la disparition d'une culture. Prenons l'exemple, souvent rencontré en Haïti, de la production de cacao, dont la disparition dans certaines régions est imputée par de nombreuses personnes, y compris les agriculteurs, au passage d'un cyclone. Même s'il y a en effet concordance dans le temps entre ces deux événements, une analyse approfondie montre que la disparition de cette culture est liée à la conjonction d'éléments tels que la diminution tendancielle des cours du cacao, la baisse de la fertilité du milieu et l'apparition de nouvelles opportunités de marché. L'action mécanique d'un cyclone a précipité le déclin du cacao. Si seul un événement conjoncturel comme le cyclone avait été en jeu, les cacaoyères auraient été replantées, comme elles l'ont été à d'autres moments dans l'histoire. C'est donc chaque fois un ensemble d'éléments de nature économique, technique et sociale qu'il faut mettre en perspective.

Retracer l'évolution des exploitations agricoles

Des sources variées

Dans un premier temps, des entretiens avec les agriculteurs les plus âgés permettent d'appréhender les transformations de l'agriculture depuis deux ou trois générations, telles qu'ils les ont vécues. Dans un deuxième temps, des enquêtes historiques avec des agriculteurs encore en activité peuvent aussi se révéler indispensables pour affiner la compréhension des événements les plus récents avec lesquels les agriculteurs âgés sont moins familiarisés. D'autres personnes apportent aussi beaucoup d'informations sur l'histoire agricole locale : par exemple les autorités locales, les instituteurs, les missionnaires, les techniciens, dès lors qu'ils peuvent parler d'une histoire qu'ils ont eux-mêmes vécue. Enfin, il est possible que les questions que l'on se pose ne puissent trouver d'explication que dans des périodes antérieures auxquelles la mémoire des anciens ne peut remonter. Dans ce cas, il est nécessaire de réaliser des recherches dans les archives et dans les ouvrages à teneur historique, s'ils existent.

Les entretiens peuvent porter sur deux champs d'investigation complémentaires :
– la description par la personne enquêtée de l'évolution de l'agriculture dans le territoire étudié ;
– pour les agriculteurs, le récit de vie, la trajectoire personnelle et celle de la famille, sans perdre de vue que l'objectif est de reconstituer une histoire régionale ; il est donc important de pouvoir situer socialement l'interlocuteur et les particularités des informations qu'il nous livre au regard des autres situations vécues.

→ **Fiche 3**

L'entretien de compréhension

« Le questionnaire provoque une réponse, l'entretien fait construire un discours. »
(Blanchet et Gotman, 2007)

Dans un questionnaire, le champ proposé à la personne enquêtée est déjà structuré par les questions de l'enquêteur. L'enquêté ne peut répondre qu'aux questions qui lui sont posées dans les termes formulés par l'enquêteur, lequel détient le monopole de l'exploration. Dans l'entretien de compréhension, l'enquêteur aide l'enquêté à formuler ses propres questions, à structurer progressivement son discours, à progresser dans sa réflexion et à dire comment il voit les choses et les vit, de son point de vue et du point de vue de la culture dont il est un représentant.

L'entretien de compréhension s'impose chaque fois que l'on ignore le monde de référence ou que l'on ne veut pas décider *a priori* du système de cohérence interne des informations recherchées.

Le questionnaire, en revanche, implique que l'on connaît auparavant le monde de référence ou qu'il n'y a aucun doute sur le système interne de cohérence des informations recherchées.

L'attitude de compréhension a pour but de rétablir une forme d'égalité en donnant de la valeur à la parole des paysans. Cette mise en valeur a pour effet de mobiliser les potentialités de l'individu au profit de la recherche de solutions à ses difficultés.

Un entretien de compréhension n'est pas :
– un interrogatoire ou une discussion au cours de laquelle il y a échange d'arguments et confrontation sans finalité précise sauf celle d'avoir raison ;
– une discussion en vue de résoudre des problèmes ou de donner des conseils.

Nous conseillons au lecteur qui souhaite approfondir ces questions méthodologiques de consulter le *Guide de l'enquête de terrain* de Beaud et Weber, 2003.

▶ Des entretiens ouverts

Comme il est difficile de formuler des questions précises, les entretiens seront ouverts, sans qu'il y ait recours au questionnaire (voir la fiche 3). Entretien « ouvert » ne signifie ni conversation décousue, ni monologue de l'agriculteur ; c'est un entretien guidé par les questions de recherche telles que formulées dans la fiche 4. La situation idéale consiste à réaliser les enquêtes sur le terrain, face au paysage qui sert de support et de référentiel commun à l'enquêteur et à l'enquêté.

Les entretiens individuels sont préférables. En effet, dans un entretien collectif, il faut pouvoir déceler les idées censurées ou déformées sous contrôle social, ce qui semble difficile à ce stade de l'étude.

Il est bien rare que ces entretiens suivent la chronologie des événements relatés. Néanmoins, les faits présentés doivent être datés ou tout au moins replacés les uns par rapport aux autres dans une sorte de frise chronologique qui s'appuie autant que possible sur les dates marquantes pour les agriculteurs. Ponctuer l'entretien de questions sur la vie personnelle de l'agriculteur (mariage, naissance des enfants) ou sur de grands événements historiques (avant ou après l'indépendance) est souvent très utile pour mieux dater les faits qu'il évoque. Il est en effet fréquent que les agriculteurs les plus âgés « glissent » d'une période de référence à une autre au fil de l'entretien.

→ Fiche 4

Évolution historique de l'agriculture : éléments pour la construction d'un guide d'entretien

Remarque : il s'agit des questions que l'on se pose et non de celles que l'on pose.

1. Pour une période donnée au cours de laquelle une agriculture stable peut être décrite

L'écosystème exploité

• Comment était le paysage de l'époque dans les différentes unités agro-écologiques identifiées lors de la première étape (milieu physique, sol, eau, végétation, faune sauvage, cultures, habitat, réseaux routiers) ?

Les modes d'exploitation du milieu

• Quelles étaient les espèces végétales exploitées, les espèces spontanées, les variétés dont disposaient les agriculteurs ?

• Où ces espèces étaient-elles cultivées ? Comment étaient-elles réparties dans l'espace ?

• Quels étaient les modes de conduite des différentes cultures, les rotations pratiquées ?

• Quels étaient l'outillage et les équipements utilisés ?

• Quelles étaient les espèces et les races animales exploitées ? Quelles étaient les ressources fourragères ? Quel était le mode de conduite des troupeaux ?

• Comment la fertilité des différents types de parcelles était-elle entretenue ?

La population et ses activités

• À l'échelle des villages, combien d'habitants y avait-il ? De quelle origine étaient-ils ?

• Que consommaient-ils, que mangeaient-ils ? (Cette question aide non seulement à définir les besoins, mais aussi à mieux définir les productions, la part autoconsommée et la part vendue.)

• Quelles étaient les autres activités non agricoles pratiquées dans le village (chasse, cueillette, artisanat, industries locales, autre) ?

Les exploitations agricoles

• Comment étaient constituées les familles ? Qui faisait quoi sur les exploitations ? De la main-d'œuvre externe était-elle employée ? À quelles tâches ? À quels coûts ?

• Comment était géré le foncier ? Y avait-il des espaces collectifs ? Qui étaient les propriétaires ? Quelle surface était exploitée par une famille, dans quelles parties de l'écosystème (se référer au zonage agro-écologique) ? Quels étaient les différentes parcelles et les espaces qu'une famille exploitait ?

• Quelle était la destination des produits ? Quels étaient les rapports de prix (prix relatifs entre produits agricoles, intrants, biens de consommation) ?

• Quelle était la diversité des exploitations, en fonction de leurs caractéristiques foncières, de leur équipement, de leur main-d'œuvre, de leurs activités agricoles, de transformation et extra-agricoles ?

• Quelle était la nature des échanges de terre, de main-d'œuvre, d'eau, de capital (équipement ou autre) entre les différents types d'exploitants ?

2. Pour rendre compte des phases de transformation de l'agriculture

Quels sont les évolutions et événements locaux qui ont joué un rôle à l'échelle des villages et des exploitations ?

- Évolution démographique (croissance, immigration, émigration ou autre)
- Création ou disparition d'infrastructures (écoles, marchés et autres)
- Évolution du réseau de communication (chemins, routes, téléphone et autres)
- Évolution des opportunités d'emploi liées au développement d'entreprises, de centres urbains ou autres
- Crise de la fertilité
- Accident climatique
- Autre événement

Quelles sont les évolutions de l'environnement économique, social, politique ?

- Évolution des prix, des marchés, des débouchés, etc.
- Évolution des politiques agricoles, des réglementations, etc.
- Programmes ou projets de développement
- Nouvelles technologies disponibles (variétés, outils ou autres)

Quelles sont les transformations techniques que l'on peut mettre en rapport avec ces événements et tendances ?

- Changements d'espèces ou de variétés cultivées, d'espèces ou de races animales élevées
- Évolution des rotations, des assolements et des pratiques de culture et d'élevage
- Adaptation de l'outillage
- Exploitation ou abandon de parties de l'écosystème
- Réalisation de nouveaux aménagements, etc.

Les résultats attendus

À l'issue de cette étape, les différents systèmes agraires qui se sont succédé sont situés dans le temps et caractérisés. Il en va de même des phases de transition. Nous sommes à même d'expliquer comment la différenciation entre les exploitations s'est opérée au cours de l'histoire, en fonction des surfaces exploitées, des outils et équipement utilisés, du matériel végétal et animal utilisé et des techniques employées, au gré des évolutions démographiques, des événements économiques et politiques, ainsi que des recompositions sociales.

Différents modes de représentation peuvent servir de support pour synthétiser ces résultats :

– les chronogrammes : des représentations graphiques montrant la succession datée des événements ayant trait à un sujet donné ;

– les diagrammes : un ensemble de courbes évoquant l'évolution conjointe de différents facteurs techniques, démographiques et économiques, et les mettant en relation ;

– les tableaux croisés permettant de synthétiser, période par période, les caractéristiques d'un système agraire, par grands thèmes ;

– les coupes schématiques ou blocs diagrammes représentant les paysages à différentes périodes ; la figure 5 (planches 6 et 7, cahier hors-texte) donne un aperçu de ce mode de représentation.

4. Comprendre les pratiques culturales

L'observation du paysage et les entretiens historiques permettent de répertorier, dans le territoire, différentes cultures et façons de cultiver. Cependant, la diversité apparente des champs cultivés, aussi grande soit-elle, n'est pas illimitée. L'analyse du paysage a permis en partie d'expliquer, et donc de simplifier, cette réalité complexe : les caractéristiques du climat de la région, la topographie, la localisation par rapport à l'habitat et aux voies de communication ainsi que la nature des sols conditionnent les pratiques culturales, les rendements des cultures et leur répartition spatiale. Grâce à l'analyse historique, nous avons pu mettre en évidence les conditions d'émergence et de développement de ces différentes cultures. Nous avons ainsi pu identifier des facteurs d'ordre politique, économique et démographique qui expliquent la présence de ces cultures dans la région et des pratiques qui leur sont liées.

Cependant, même si la diversité des cultures et des façons de cultiver est en grande partie liée aux caractéristiques du milieu biophysique et à la succession des événements historiques, d'autres facteurs sont à l'œuvre :
– des facteurs agronomiques bien sûr : un certain nombre de conditions doivent être remplies pour que la durabilité des cultures, et notamment la reproduction de la fertilité des milieux exploités, soit assurée ; on ne peut exporter des éléments minéraux sans que ces pertes soient jamais compensées ;
– des facteurs sociaux et économiques également : si des agriculteurs de la région étudiée pratiquent telle ou telle culture, c'est qu'ils la considèrent comme « rentable » au regard de leurs besoins et des ressources et moyens de production auxquels ils ont accès.

Une grille de lecture facilitant la description des pratiques et leur mise en relation de même que des outils permettant d'évaluer les performances agronomiques et économiques des différentes cultures et des façons de les pratiquer sont donc nécessaires.

Pour mener ce type d'analyse, nous proposons de mobiliser le concept de système de culture, vu comme « [...] l'ensemble des modalités

techniques mises en œuvre sur des parcelles traitées de manière identique. Chaque système de culture se définit par :
– la nature des cultures et leur ordre de succession ;
– les itinéraires techniques appliqués à ces différentes cultures, ce qui inclut le choix des variétés pour les cultures retenues. » (Sébillotte, 1976)

En se basant sur cette définition, il est possible de dresser une première liste des systèmes de culture à partir des observations réalisées au cours de l'étude du paysage (types de champs observés) et de la reconstitution de l'histoire de l'agriculture (différentes techniques culturales apparues au cours de l'histoire, modes de renouvellement de la fertilité tels que jachères et rotations). Cette liste provisoire de systèmes de culture sera complétée et affinée au cours des enquêtes auprès des agriculteurs.

La caractérisation d'un système de culture

Pour mener à bien la caractérisation d'un système de culture, nous nous fonderons sur des entretiens avec plusieurs agriculteurs pratiquant le système de culture en question. Nous mènerons autant d'entretiens que possible compte tenu du temps et des moyens disponibles, et autant que nécessaire pour pouvoir rassembler tous les éléments permettant de décrire et de comprendre les choix dans la conduite des différentes cultures, et d'en évaluer les résultats.

Avant de présenter les différents éléments de caractérisation d'un système de culture, il importe de rappeler que l'objectif poursuivi n'est pas uniquement de décrire les pratiques, mais également de commencer à émettre des hypothèses sur les raisons qui poussent les agriculteurs à opérer certains choix. Ces raisons sont souvent multiples et complexes. La préférence pour une espèce végétale, par exemple, peut être liée aux caractéristiques des terrains disponibles, à la quantité de travail que sa culture requiert, à la sécurité des débouchés, à la place de la récolte dans le calendrier alimentaire de la famille, à son influence sur les autres espèces en présence dans la parcelle ou à ses sous-produits utiles pour les animaux.

Pour connaître les déterminants de ces pratiques, qui sont nombreux, complexes et en interaction, nous recommandons de recourir au « comment faites-vous ? » plutôt qu'au « pourquoi ? », au moment où, dans l'entretien, on invite les agriculteurs à décrire la façon dont ils s'y prennent pour mener à bien leurs cultures. Ainsi, les interlocuteurs, en décrivant leurs activités, formulent les éléments qu'ils prennent en compte dans leurs choix et expriment la façon dont ils analysent leurs conditions et moyens de travail. Le « pourquoi faites-vous comme ça ? » peut parfois les amener à donner une explication « parce qu'il faut bien en donner une », sans que la complexité des facteurs qu'ils prennent en compte en réalité ne nous soit donnée.

Les enquêtes auprès des agriculteurs pratiquant un système de culture donné devront permettre de rassembler les informations techniques suivantes.

▣ Les espèces cultivées, les successions culturales et les rotations

Ce qui fondamentalement contribue à définir un système de culture, c'est l'ordre dans lequel les espèces cultivées, annuelles ou pérennes, se succèdent dans le temps sur une même parcelle. Une étape clé de la caractérisation des systèmes de culture est de comprendre ce qui amène les agriculteurs à implanter, sur une même parcelle, telle espèce après telle autre ou, par exemple, une culture donnée après un temps de jachère. Est-ce qu'ils considèrent l'effet positif de la culture précédente sur l'état du sol, la présence d'adventices et la pression des parasites, par exemple ? Une culture insérée dans une filière donnée permet-elle de bénéficier d'intrants (comme le coton en Afrique de l'Ouest) ? Les légumineuses jouent-elle un rôle dans le maintien du taux d'azote ? Un projet ou une politique « imposent-ils » une succession donnée ? Ensuite, les entretiens devront, *a contrario*, permettre de comprendre ce qui amène parfois l'agriculteur à ne pas opérer les successions « idéales » : indisponibilité ou coût élevé des semences, manque de temps pour emblaver une culture, ou autre raison.

L'ordre dans lequel les cultures se succèdent peut se répéter dans le temps. On parle alors de rotation. L'exemple ci-dessous permet de définir ce que l'on entend par succession et rotation de cultures, et leur lien avec l'assolement, c'est-à-dire avec la répartition des différentes cultures dans l'espace. Il existe en effet une relation logique entre ces deux éléments.

Prenons le cas simple d'une parcelle emblavée d'espèces annuelles (figure 6).

Espace : assolement					
	Parcelle 1	Parcelle 2	Parcelle 3	Parcelle 4	Parcelle 5
Année n	**Espèce A**	**Espèce B**	**Friche**	**Friche**	**Friche**
Année n + 1	**Espèce B**	Friche	Friche	Friche	Espèce A
Année n + 2	**Friche**	Friche	Friche	Espèce A	Espèce B
Année n + 3	**Friche**	Friche	Espèce A	Espèce B	Friche
Année n + 4	**Friche**	Espèce A	Espèce B	Friche	Friche

(Axe vertical : Temps : rotation)

Figure 6. Représentation schématique de rotations et d'assolements. Cas d'une rotation de cinq ans, deux années de culture suivies de trois années de friche.

Si l'on pouvait observer cette parcelle (appelée parcelle 1) pendant cinq ans, on noterait la succession de deux cultures A et B les deux premières années, suivies d'une friche F de trois ans.

Si, au bout de trois années de friche, l'agriculteur implante en année 6 la culture A sur sa parcelle et ainsi de suite, la succession se répète de façon périodique. L'agriculteur pratique une rotation culturale (encadré en pointillé). Nous symbolisons cette rotation de la façon suivante : [A/B/F1/F2/F3] ou [A/B/F × 3].

Sauf à ne récolter que du A une année sur cinq et que du B une année sur cinq, et de n'avoir aucune récolte trois années sur cinq, l'agriculteur doit chaque année reprendre cette succession sur une parcelle différente. Pour avoir du A et du B tous les ans, il lui faut donc cinq parcelles menées de la même manière, selon la même rotation, mais simplement décalées d'un an les unes des autres.

L'année de réalisation de l'enquête (année n), nous observons sur les terres de l'agriculteur enquêté une répartition de ses cultures telle que nous la montre l'encadré en traits doubles : c'est l'assolement. Pour une année donnée, des parcelles conduites selon le même système de culture n'en sont pas au même stade.

Concrètement, afin de pouvoir, lors des entretiens, reconstituer les successions culturales et, le cas échéant, les rotations, il nous faut connaître sur une parcelle donnée non seulement la culture pratiquée dans l'année, mais également les cultures précédentes et les suivantes.

Nous proposons de représenter chaque système de culture par sa succession (ou rotation) caractéristique comme suit : [A/B/F1/F2/F3], chaque barre transversale symbolisant le passage d'une année à l'autre. Dans le cas où plusieurs cycles de culture sont pratiqués la même année, le symbole indiquant cette succession intra-annuelle peut être un petit tiret. Par exemple, un système de culture basé sur la succession de deux cycles de riz dans l'année peut être symbolisé ainsi : R1-R2.

À ce stade de la caractérisation du système de culture, l'établissement d'un calendrier des cycles culturaux, qui positionne les cycles des différentes espèces cultivées du semis à la maturité, permet de bien visualiser les éventuelles associations, successions intra-annuelles et rotations. Mis en relation avec le calendrier ombro-thermique (la répartition de la pluviométrie et de la température dans l'année) de la région, ce calendrier des cycles culturaux peut être un support pour entamer l'analyse des pratiques des agriculteurs en termes de calage des cycles de culture avec les saisons. Il faut pour cela être assez précis sur les dates. Prenons un exemple : savoir que « les semis de sorgho se font en général en avril » en soi n'apporte pas grand-chose. En revanche, savoir que, d'une part, les semis se font quand les pluies sont installées (dans un contexte où la date d'arrivée des pluies est très variable selon les années) et que, d'autre part, si la récolte de sorgho est trop tardive, elle risque de se faire dans de mauvaises conditions, permet de comprendre une certaine préférence des agriculteurs pour des variétés photopériodiques. Il convient donc d'identifier et de comprendre les causes possibles de variabilité des dates de semis et leurs conséquences pour les rendements. Cette question du calage des cycles est d'autant plus importante que plusieurs cycles de culture sont pratiqués dans une même année.

▷ Les associations culturales

Il importe de décrire précisément, le cas échéant, les proportions entre les différentes espèces et variétés au sein de la parcelle, leur disposition dans l'espace et leur agencement dans le temps. Pour rendre compte de ces associations, trois types de schémas peuvent être très utiles :
– un calendrier positionnant les différentes époques de semis et d'arrivée à maturité des différentes espèces et montrant les phases des cycles lors desquelles certaines espèces sont en présence les unes des autres ;
– un croquis en deux dimensions montrant la position relative des différentes espèces sous forme de plan ;

– un schéma explicitant l'architecture de l'association selon les différents étages occupés ; ceci est particulièrement utile dans le cas de systèmes agroforestiers.

Là encore, les entretiens ont pour but d'identifier avec les agriculteurs les éléments qu'ils prennent en compte pour mettre en place ces associations, sachant qu'elles sont souvent pratiquées sur de petites surfaces. En effet, en comparaison avec la culture pure et juxtaposée des mêmes espèces, elles optimisent l'accès à la lumière, à l'eau et aux minéraux et donnent donc une plus grande valeur ajoutée par unité de surface. Les associations peuvent avoir d'autres avantages : le contrôle des adventices par couverture du sol ou par interaction négative avec les « mauvaises herbes », et des interactions positives entre espèces cultivées (association de légumineuses avec des graminées, association avec des plantes insecticides, espèces « tuteurs »).

La figure 7 montre différents cas susceptibles de se présenter lorsque l'on prend en compte à la fois les successions intra-annuelles de cycles, les successions interannuelles et les associations.

▌ Les itinéraires techniques

L'itinéraire technique cultural est l'ensemble des pratiques culturales ordonnées dans le temps, appliquées à une culture ou à une association de cultures, depuis la préparation du terrain et le choix des variétés jusqu'à la récolte. Cependant, il est possible qu'après la récolte d'autres opérations soient réalisées sur la parcelle (animaux amenés pour pâturer les résidus de récolte, par exemple) ou sur le produit (opérations de transport, stockage, transformation, vente). Ces opérations ne relèvent pas de l'itinéraire technique cultural à proprement parler, mais il est aussi important de les prendre en compte. Cette définition de l'itinéraire technique a une implication immédiate : il y a, par système de culture, autant d'itinéraires techniques que de cycles de culture qui se succèdent au cours d'une année et/ou d'une rotation. Dans les cultures associées, un itinéraire technique unique permet de retracer dans l'ordre chronologique toutes les opérations menées dans la parcelle. Cela traduit le fait qu'une opération telle que le défrichement, le désherbage ou la régulation de l'ombrage bénéficie à toutes les espèces présentes et non à une seule. Pour décrire chacune des opérations qui ponctuent un itinéraire technique, on portera son attention sur les points suivants.

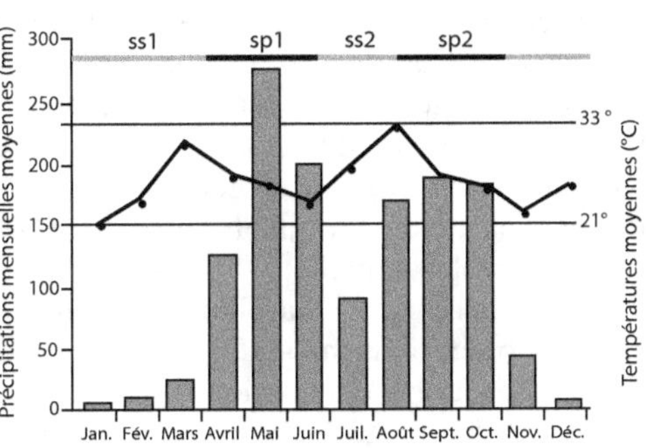

Dans la région Hinche, le climat est de type tropical. Les agriculteurs distinguent quatre grandes saisons :
– la grande saison des pluies, d'avril à juin (sp1) ;
– la petite saison sèche, en juillet (ss2) ;
– la petite saison des pluies, d'août à octobre (sp2) ;
– la grande saison sèche, de novembre à mars (ss1).

La pluviométrie annuelle est d'environ 1 500 mm.

Exemple 1 : culture en continu, deux cycles par an

Le maïs est associé au niébé en première saison des pluies, le haricot est cultivé seul en deuxième saison.

		Jan.	Fév.	Mars	Avril	Mai	Juin	Juil.	Août	Sept.	Oct.	Nov.	Déc.
Année 1	Maïs Cycle court (90 jours)				◀·····◀		→		▶······▶				
	Niébé				◀···◀		▶···▶						
	Haricot									◀····◀		▶···▶	

Exemple 2 : une rotation de deux ans

Année 1 : maïs de cycle long, de première saison, associé au sorgho, au niébé et au pois d'Angole
Année 2 : maïs de cycle court, de deuxième saison, associé à l'arachide

		Jan.	Fév.	Mars	Avril	Mai	Juin	Juil.	Août	Sept.	Oct.	Nov.	Déc.
Année 1	Maïs				◀······◀						▶······▶		
	Sorgho	→	▶			◀							
	Niébé				◀······◀		→						
	Pois d'Angole				◀·····◀								▶
Année 2	Maïs							◀			→		
	Arachide							◀		→			

Figure 7. Diagramme ombro-thermique et calage des cycles de culture.

Les opérations culturales

Il importe de se faire décrire précisément l'ensemble des tâches que les agriculteurs réalisent. On ne se contentera pas, par exemple, d'évoquer la « préparation du terrain », mais on cherchera à connaître en détail en quoi elle consiste : réparation des clôtures, coupe à la machette du recrû de l'année, regroupement des résidus en tas à l'aide de bâtons, brûlis, confection de cordons végétaux en ligne de niveau à partir de certains branchages, ou autre. L'important est de comprendre les fonctions de ces différentes opérations et, notamment, leur action sur l'état du milieu. Par exemple, il est fréquent que certaines opérations manuelles soient rapidement qualifiées de « sarclage » (fonction : enlever les adventices) alors qu'en réalité il s'agit également de binage (aération du sol afin d'augmenter sa capacité à retenir l'eau de pluie).

Les intrants, les outils et les équipements utilisés

Une attention particulière peut ici être prêtée à la question du choix des variétés semées. Les agriculteurs citent souvent le milieu (nature du sol, climat) et le comportement de ces variétés dans ces conditions pédoclimatiques. Mais d'autres éléments pourront être considérés pour le choix des espèces et variétés : la date d'arrivée à maturité et le calendrier des disponibilités alimentaires de la famille, la durée des cycles et la date d'arrivée des produits sur le marché (donc le prix de vente), la qualité organoleptique des produits ou leur aptitude à la conservation, leur résistance à certaines maladies, etc. Il s'agit de comprendre les critères de choix de l'agriculteur. Ainsi, l'agriculteur peut choisir une variété de céréale tant pour son rendement en grain que pour son rendement en paille qui servira à nourrir le bétail. Une fois connues les caractéristiques des variétés, on s'intéressera aux quantités de semences utilisées. D'où proviennent-elles ? Les questions de l'approvisionnement en semences ou en plants et des difficultés éventuellement rencontrées à ce niveau peuvent également surgir.

Outre les semences, l'agriculteur utilise-t-il des engrais, des herbicides ou des pesticides ? Quelles sont les doses de produits utilisées ? L'agriculteur connaît-il des difficultés pour s'approvisionner en semences ou en intrants et pour avoir accès au matériel et aux services ? A-t-il recours à un matériel spécifique, un pulvérisateur par exemple, qu'il doit louer ? De manière générale, les outils et équipements utilisés pour chacune des opérations sont-ils disponibles à tout moment ?

Le calendrier des opérations culturales

Un élément central de la caractérisation de l'itinéraire technique est le positionnement dans le temps des différentes opérations réalisées sur la parcelle. Il importe d'être précis dans la définition des moments auxquels l'agriculteur mène ses opérations. Par exemple, il ne suffit pas de noter que « le premier désherbage du maïs a lieu au mois de juin » ; le fait qu'il doive être réalisé « au plus tard quatre semaines après le semis » est tout aussi important. L'enjeu est de savoir si la date à laquelle a lieu l'opération doit être absolument respectée ou si elle peut être flexible. Cette flexibilité peut être utilisée par les producteurs pour entreprendre des travaux culturaux urgents, ou d'autres activités.

Cela nous amène à définir la fenêtre de temps pendant laquelle chacune des opérations peut et doit être menée. Certaines opérations comme le semis et la récolte doivent en effet être réalisées sur des périodes extrêmement courtes, alors que d'autres telles que le défrichement peuvent s'étaler sur des périodes plus longues. Cette information sur la souplesse du calendrier cultural est indispensable pour identifier les pointes de travail. Une opération peut en effet demander beaucoup de travail sans pour autant constituer un goulet d'étranglement nécessitant le recours à l'entraide ou à la main-d'œuvre salariée, si l'on dispose d'une période de temps suffisante. À l'inverse, une opération peut demander relativement moins de travail que les autres, mais constituer une pointe car elle doit être réalisée dans un laps de temps très bref. La souplesse ou la rigidité du calendrier cultural est généralement dictée par les saisons, car certaines opérations techniques ne peuvent être réalisées que si les conditions climatiques optimales sont remplies (début de la saison des pluies, par exemple). Là encore, il est utile de disposer des données ombro-thermiques pour bien analyser l'itinéraire technique.

Il est donc nécessaire d'évaluer le temps de travail requis par chaque opération. L'unité de mesure du temps de travail est l'homme-jour. Cette unité correspond au travail d'un actif agricole pendant une journée. Dans l'enquête, cette évaluation suppose de poser deux questions : « Combien de jours de travail sont-ils nécessaires pour réaliser cette opération ? » et « Combien de personnes par jour ? ». La quantité de travail investie dans une opération est en effet la même, qu'il s'agisse d'une personne travaillant 30 jours ou de 30 personnes travaillant une journée. Par ailleurs, pour pouvoir comparer les systèmes de culture il convient de rapporter le temps de travail à la surface et de raisonner en homme-jour par hectare. Notons que pour certains systèmes de culture il peut être nécessaire d'évaluer le temps de travail en heures par jour. C'est le cas des cultures maraîchères, où un travail quotidien est investi sur de très petites parcelles.

Les tableaux 1a et 1b donnent des exemples d'itinéraire technique et précisent la notion de fenêtre de temps et de temps de travail à partir de quelques opérations culturales rencontrées à Lakou Cadichon (Haïti).

Tableau 1a. Itinéraire technique, fenêtres de temps et calcul du temps de travail. Association de maïs, sorgho, niébé, haricot, igname et bananier en culture continue sur un hectare. Les parcelles, situées sur un replat d'altitude, sont éloignées du domicile.

Opération	Période de réalisation	Équipement, outils	Organisation du travail	Temps de travail (homme-jour/ha)
Préparation avant labour : élagage des branches des arbres présents sur la parcelle, coupe de certaines repousses, mise en tas, brûlis des tas	Mars-avril	Machette	L'agriculteur seul	1
1er labour	Avril	Araire tirée par 2 bœufs	L'agriculteur et un fils pendant 3 jours	6
2e labour	Avril	Araire tirée par 2 bœufs	L'agriculteur et un fils pendant 2 jours	4
Semis du maïs, du niébé et du haricot	Avril-début mai	Araire tirée par 2 bœufs	Femme et deux enfants pendant 2 jours	6
Semis du sorgho	Mai-juin	Houe, pince, *pikoi*	Femme et fille en une journée	2
1er sarclage	Mai-juin	Houe, machette	Un groupe d'entraide de 10 personnes pendant 3 jours	30
Récolte et transport du haricot et du niébé	Juillet-août	Cheval, sacs	L'agriculteur	8

Tableau 1a. *suite*

Opération	Période de réalisation	Équipement, outils	Organisation du travail	Temps de travail (homme-jour/ha)
2e sarclage	Août-septembre	Houe, machette	Un groupe d'entraide de 10 personnes pendant 2 jours	20
Récolte et transport du maïs	Septembre	Cheval, sacs	L'agriculteur	12
Récolte et transport du sorgho	Janvier	Cheval, sacs	L'agriculteur	10
Récolte et transport des bananes et des ignames	Toute l'année	Cheval, sacs	L'agriculteur	5
Total travail				104

Tableau 1b. Itinéraire technique, fenêtres de temps et calcul du temps de travail. Association de maïs, sorgho, niébé et pois d'Angole *(chakwa)* en première saison des pluies.

Opération	Période de réalisation	Fenêtre de temps	Organisation du travail	Temps de travail (homme-jour/ha)
Labour	Mai-juin	Deux semaines après les premières pluies, 4 ou 5 jours avant que les sols ne soient trop humides	L'agriculteur, son fils et un employé pendant 3 jours	9
Désherbage	Juin-juillet	Deux à trois semaines après le semis ; il faut terminer avant la quatrième semaine.	Un groupe d'entraide de 10 personnes pendant 2 jours	20
Récolte du niébé, transport et égrenage	Août	Une semaine, au moment de la période d'accalmie des pluies	L'agriculteur, sa femme et deux enfants pendant 4 jours	16

En résumé, au moment d'établir le calendrier des opérations culturales nous distinguons :
– les périodes de réalisation des opérations ;
– les fenêtres de temps ;
– le temps de travail.

L'organisation du travail

Une répartition des tâches s'opère au sein de la famille. Par exemple, les travaux les plus difficiles physiquement (abattage des arbres, préparation du sol ou autre) sont menés par les hommes, tandis que les femmes sont chargées des travaux d'entretien des parcelles et des récoltes. Cependant, cette configuration n'est pas généralisée. Il est fréquent, dans d'autres situations, que le chef d'exploitation se consacre aux cultures de rente comme le cacao et le café, tandis que les femmes ont en charge les cultures vivrières. Ailleurs, les hommes gèrent et conduisent les bovins tandis que les femmes s'occupent de la volaille ou des porcs et les enfants des petits ruminants. Ces derniers ont souvent pour tâche de protéger les récoltes contre les oiseaux. Ces informations sont précieuses, car il peut apparaître que, pour certaines tâches, les actifs familiaux ne sont pas substituables, ce qui peut être occulté par la simple analyse du calendrier cultural.

Nous devons également nous renseigner sur les éventuels recours à de la main-d'œuvre extérieure à la famille et sur les tâches qui lui sont confiées. La famille embauche-t-elle des salariés permanents ou temporaires ? Des métayers sont-ils présents sur l'exploitation ? La famille fait-elle appel à des groupements de travail ? Participe-t-elle à ces groupements ? Les producteurs ont-ils des difficultés à recruter de la force de travail en temps et en heure ?

Si un échange de travail est égalitaire et réciproque, il n'est pas considéré comme travail extérieur. C'est le cas des agriculteurs travaillant dans des groupes d'entraide : après que le groupe a travaillé dans leurs parcelles, ils doivent en contrepartie travailler le même nombre de jours chez chacun des membres du groupe. Dans ce cas, il convient de ne pas compter deux fois le même travail. Si 10 personnes viennent travailler une journée chez un agriculteur et que celui-ci travaille ensuite une journée chez chacune de ces 10 personnes, 11 journées de travail auront été consacrées au système de culture étudié, pas davantage.

Si l'échange de travail est inégalitaire, on le considère comme faisant partie de la main-d'œuvre extérieure ; c'est le cas des agriculteurs faisant travailler les groupes d'entraide chez eux sans qu'il y ait réciprocité.

▮ Les produits et les sous-produits des cultures

C'est avec les agriculteurs qu'il convient de faire la liste des produits et des sous-produits des cultures : cultivent-ils un arbre pour ses fruits, pour ses feuilles ou pour le bois d'œuvre qu'il fournira, ou pour les trois à la fois ?

Quelle est la destination de ces produits et quels sont les volumes produits au sortir du champ :
– autoconsommation, c'est-à-dire consommation par la famille ;
– vente ;
– dons, sacrifices ;
– rémunération en nature de la force de travail ;
– alimentation animale ;
– conservation pour la semence vendue ou intraconsommée ;
– pertes (au transport, au séchage, au stockage) ;
– autre ?

Les quantités produites varient d'une campagne agricole à l'autre. Le chapitre suivant aborde les méthodes d'estimation.

Quels sont les sous-produits et leur destination ? Dans certaines cultures comme le maïs ou le riz, les résidus de culture, les tiges et les feuilles ont une importance non négligeable. Quels sont leurs usages ? Sont-ils laissés sur la parcelle ? Sont-ils enfouis lors du « labour » en guise d'engrais vert ? Sont-ils brûlés ? Servent-ils de litière ? Ou servent-ils à nourrir des animaux ? Les pailles servent-elles à couvrir les toits ? À confectionner des clôtures ? Les palmes servent-elles à construire des cloisons ?

Il faut prendre bien soin de relever tous les produits exportés de la parcelle et pas seulement ceux issus des espèces cultivées. Il se peut que les mauvaises herbes, arrachées ou coupées, soient ensuite apportées aux animaux ou utilisées pour faire du compost. Il se peut aussi que les agriculteurs tirent des fruits, du bois ou des feuilles des haies ou des arbres qui ont poussé spontanément au cœur de la parcelle. L'enjeu est de pouvoir comparer les systèmes de culture à partir de l'intégralité des produits et des sous-produits, et de commencer ainsi à analyser les choix des agriculteurs.

Évaluer les performances techniques des systèmes de culture

Les quantités produites

Le volume de production le plus facile à connaître est bien entendu celui de la récolte de l'année précédant celle de l'enquête. Cependant, il convient de s'assurer auprès des agriculteurs que cette année peut être considérée comme normale. En effet, les récoltes obtenues sont généralement assez variables – mauvaises certaines années à la suite d'incidents tels que sécheresse, inondation ou ravageurs, ou parfois exceptionnellement bonnes.

On cherche donc dans un premier temps à évaluer le niveau de production en année « normale », c'est-à-dire lorsque les conditions de production ne sont ni particulièrement mauvaises, ni particulièrement bonnes. Cette notion d'année normale ne correspond donc pas à une année moyenne au sens mathématique du terme, mais plutôt aux conditions de production le plus fréquentes.

C'est dans un deuxième temps que l'on évalue le niveau de production dans les années « extrêmes », c'est-à-dire lorsque la campagne est particulièrement bonne et lorsqu'elle est particulièrement mauvaise. Notons que, dans ce dernier cas, il arrive que pour certaines cultures une mauvaise année se traduise par une production nulle. Quoi qu'il en soit, il importe de bien identifier la fréquence et les facteurs explicatifs de ces variations. L'étude de la variabilité des rendements et de leurs causes est une entrée pour identifier avec les agriculteurs les éléments qui ont une incidence importante sur leurs productions et leurs revenus.

Il est parfois difficile d'estimer la production lorsque la récolte s'étale sur un mois ou plus, ou lorsque, comme pour certains tubercules tels que l'igname ou le manioc, on ne récolte que quelques racines sur une plante en la laissant en terre. Il arrive également que l'on récolte le maïs en fonction des besoins du ménage, au cours de sa maturité.

Si cette récolte est vendue, dans la plupart des cas les agriculteurs connaissent leur production. Si, en revanche, la production est auto-consommée, il faudra recourir à des moyens indirects pour estimer la part d'autoconsommation.

On peut par exemple s'informer sur les pratiques alimentaires. À quelles occasions et à quelle fréquence les mères de famille préparent-

elles le tubercule, le fruit ou le légume en question ? Quelles sont les quantités préparées à chaque repas ? Pendant combien de temps dans l'année ce produit est-il consommé ?

On peut également estimer la production à partir de la surface du champ de maïs et des rendements moyens obtenus dans la région dans des conditions comparables. En recoupant les deux méthodes, on arrive à des chiffres assez fiables.

Dans le cas des cultures pérennes, il ne faudra pas oublier les sous-produits, ni le bois des arbres. L'estimation de la production annuelle de bois s'obtient en divisant les quantités produites sur une coupe par le nombre d'années attendues avant d'abattre les arbres.

On discutera avec l'agriculteur des pertes après récolte (stockage, transport), des problèmes de commercialisation et des variations de prix de vente.

⏩ Les rendements

Le rendement est la production par unité de surface. Il faut donc connaître les surfaces pour évaluer les rendements. Les agriculteurs connaissent en général la surface de leurs parcelles en mesure locale. Sinon, il est possible de les estimer sur place en les parcourant à pied avec les agriculteurs. En général, les superficies des cultures pérennes sont connues, mais celles des champs vivriers ou des cultures annuelles, qui peuvent varier d'une année à l'autre, sont plus difficiles à déterminer.

Lorsque l'on connaît les densités de semis, il est possible d'évaluer la surface d'un champ à partir de la quantité de semence totale uti-lisée par l'agriculteur. C'est d'autant plus facile pour une plantation d'arbres, dont on peut apprécier la surface en multipliant l'espacement entre les plants par le nombre de pieds sur la parcelle.

Il est parfois plus aisé et pertinent d'évaluer non pas le rendement par unité de surface, mais le « rendement semence », c'est-à-dire la quantité produite par unité de grains semés, ou par pied dans les plantations pérennes, par exemple.

Le rendement s'exprime en unités de poids ou de volume par unité de surface. La comparaison des différents rendements obtenus chez plu-sieurs agriculteurs qui pratiquent le même système de culture peut per-mettre de discuter avec eux de leurs pratiques culturales. Mais attention, le rendement n'est pas toujours, loin de là, le ratio agronomique que les agriculteurs cherchent à maximiser. C'est en effet la production globale finale, annuelle, d'une parcelle qui compte : les rendements atteints par chacune des espèces au sein d'une association sont certes plus faibles qu'en culture pure, mais le volume ou le poids de l'ensemble des productions par hectare sera sans doute supérieur à celui d'une seule des espèces de l'association menée en culture pure. De même, les rendements de céréales obtenus quand on pratique deux cycles par an sur une même parcelle sont sans doute plus faibles que si un seul cycle avait été pratiqué, mais à la fin de l'année la terre aura produit plus.

▶ Le maintien de la fertilité

Il est important de ne pas confiner l'analyse aux seules évaluations des performances techniques actuelles d'un système de culture. Dans quelle mesure ces performances pourront-elles être maintenues à long terme ? Quelle est la capacité du système à régénérer les conditions du milieu (fertilité chimique, taux de matière organique ou autre) nécessaires pour atteindre ces résultats ?

À ce stade de la caractérisation d'un système de culture, il est bon de faire le point sur les informations déjà recueillies, quitte à avoir un échange complémentaire avec les agriculteurs, pour comprendre la façon dont ils maintiennent la fertilité des parcelles consacrées au système de culture étudié.

Des temps de jachère ou de friche interviennent-ils dans la reproduction de la fertilité d'une terre ? Des espèces spécifiques telles que des légumineuses sont-elles utilisées en vue de régénérer la fertilité ? Y a-t-il des transferts verticaux de fertilité grâce aux arbres, ou horizontaux grâce à des apports alluvionnaires par exemple ? La préférence pour des opérations manuelles, et non chimiques, de désherbage n'est-elle pas aussi à relier à la volonté de maintenir le taux de matière organique dans la parcelle ? L'élevage participe-t-il d'une façon ou d'une autre à la reproduction de la fertilité des champs (pâturage des chaumes, parcages, transfert de poudrette ou fumier) ? Des micro-aménagements tels que terrassements ou cordons faits d'alignements de pierres ou de résidus et de branches sont-ils réalisés pour retenir les limons ou pour maintenir une certaine profondeur de sol et améliorer ainsi leur capacité de rétention d'eau ?

Les informations à recueillir pour caractériser un système de culture sont rassemblées dans la fiche 5.

→ **Fiche 5**

Les éléments à prendre en compte pour caractériser un système de culture : aide à l'élaboration d'un guide d'entretien

1. Les caractéristiques des parcelles où ce système est pratiqué

• Dans quelles parties de l'écosystème les parcelles sont-elles situées ? Quels sont leur topographie et leur altitude, leur taille et leur forme, le sol (couleur, profondeur, texture, structure, charge en pierres), l'hydrographie (présence d'eau dans la parcelle à différents moments de l'année), les espèces spontanées, les aménagements (murets, rampes antiérosives, clôtures, drains), l'éloignement par rapport aux habitations et aux routes ?

2. Les espèces, les successions et les rotations

• Y a-t-il un ou plusieurs cycles pratiqués sur une même parcelle pendant une année ? Quelles sont les successions culturales sur plusieurs années ?

• Les parcelles sont-elles mises en valeur de la même façon tous les ans ? Sinon, quelle est l'alternance ? Existe-t-il une périodicité ? On parlera dans ce cas de rotation. Se traduit-elle dans l'assolement des cultures dans l'exploitation ? Les parcelles connaissent-elles des périodes de jachère ? Pendant combien de temps ? Si oui, vérifier la présence de parcelles au repos dans l'exploitation au prorata des durées de jachère annoncées par l'agriculteur.

3. L'association ou la culture pure

• Des espèces sont-elles cultivées en même temps, sur le même espace, pendant au moins une partie de leur cycle végétatif ? Il faut chercher à comprendre les fondements des associations de cultures : complémentarité des plantes pour l'utilisation des ressources (lumière, eau, éléments minéraux), rôle de tuteur de certaines espèces pour d'autres, rôle de couverture du sol, de limitation de l'enherbement et de l'évapotranspiration, etc. Décrire précisément les espèces (proportions des différentes espèces et variétés, disposition dans l'espace). Ne pas hésiter à faire un schéma.

4. Les itinéraires techniques pratiqués

• Pour chacun des cycles culturaux de la rotation, quelles sont les opérations réalisées sur les parcelles, dans l'ordre chronologique ? À quelle période sont-elles réalisées par rapport aux saisons et aux stades végétatifs des cultures, et comment ? Il s'agit de comprendre comment l'agriculteur utilise la force de travail dont il dispose (familiale ou salariée), ses outils, ses animaux et les intrants, de la préparation du sol à la vente des produits. S'agit-il de travail manuel ? D'équipement attelé ou motorisé ? Quelles sont les opérations qui font l'objet d'un investissement prioritaire en équipement ? Pourquoi ?

• Discuter du choix des variétés : le choix est-il lié au cycle des variétés ? En quoi la durée des différents cycles est-elle importante ? L'agriculteur essaie-t-il de « caler » plusieurs cycles dans une année sur une même parcelle ?

• Quelle est pour chaque opération la fenêtre de temps disponible ? La quantité de travail nécessaire ? Qui la réalise ? À quel coût ? Quelles sont les contraintes que l'agriculteur rencontre dans la mise en œuvre de différentes opérations ? Y a-t-il des variations en fonction des années ? À quoi sont-elles dues ?

5. La reproduction de la fertilité

• Utilisation d'engrais ou de fumier, associations de cultures, temps de friche ou de jachère, parcage d'animaux, utilisation des termitières : quels sont les moyens de transport utilisés pour les transferts de fertilité ?

6. Les produits et les sous-produits

• Pour chaque culture, lister avec l'agriculteur les produits et les sous-produits finaux, sortis du champ, qu'ils soient destinés à l'autoconsommation de la famille, à la vente, à l'alimentation des animaux, à la construction, ou autre.

• Quels sont les volumes produits au sortir du champ ? Ces volumes peuvent être évalués par exemple à partir des quantités autoconsommées, des quantités vendues ou des rendements obtenus par quantité de semences.

• Y a-t-il des pertes au transport ? Au stockage ?

• Quelle est la destination des produits : part autoconsommée, part vendue, part donnée, part destinée à la rémunération en nature de la force de travail extérieure, part gardée pour la semence, pertes ?

Évaluer les performances économiques des systèmes de culture

Il est nécessaire d'analyser le fonctionnement des systèmes de culture et d'évaluer leurs performances agronomiques pour comprendre les raisons pour lesquelles les agriculteurs les pratiquent. Mais l'analyse des systèmes de culture ne peut se limiter à ces deux premières étapes. Il convient d'en évaluer la « rentabilité », c'est-à-dire les résultats économiques que les agriculteurs peuvent espérer en tirer. Insistons sur le fait que ce type d'évaluation n'est envisageable que si le système de culture a été soigneusement décrit et analysé. C'est un préalable indispensable que de connaître ce que l'on évalue, pour comprendre le sens des chiffres obtenus et éventuellement reprendre les calculs.

Au-delà des quantités produites, nous devons aussi mesurer la valeur de ces productions et pour cela en connaître le prix.

▶ Le produit brut

Une fois la production mesurée en volume, il faut évaluer sa valeur en termes monétaires. Pour cela, il faut se renseigner sur le prix de vente des produits agricoles vendus. Mais quel prix retenir ?

Les prix

Le prix des produits vendus

L'évaluation des prix des produits agricoles, qui pourrait sembler simple, présente souvent des difficultés. En effet, les prix varient selon le lieu et l'époque de la mise en marché. Ils sont plus élevés sur les marchés urbains qu'aux abords des villages. En pleine saison de production, le prix de vente des produits de consommation courante destinés aux marchés nationaux chute, car l'offre est élevée. Hors saison, il augmente, car les volumes offerts sont faibles. Il est donc nécessaire de reconstituer l'évolution intra-annuelle des prix des produits du système, à partir des déclarations des agriculteurs, croisées éventuellement avec des enquêtes rapides sur les marchés ou auprès des collecteurs ou des négociants. Il s'agit avant tout de se faire expliquer par les agriculteurs les modes de mise en marché, les périodes de commercialisation et les quantités concernées à chaque période, pour ensuite leur affecter le prix correspondant.

Certains producteurs choisissent de conserver leur production pour la vendre à un moment de l'année où le prix leur est favorable. Cela est possible si les besoins monétaires ne sont pas trop importants au moment de la récolte, et si les producteurs disposent de moyens de conservation efficaces (frigos, greniers, bâtiments de stockages, produits de conservation). Ces dispositifs ont un coût direct ou réparti sur plusieurs années (amortissements) que l'on prendra en compte par la suite. Il s'agit là d'une véritable stratégie de « production-vente » dont le bénéfice, s'il y a, est exprimé au travers du prix de vente. Nous ne pouvons donc pas effacer les différences qui existent entre les producteurs à ce niveau, puisque les conditions de commercialisation et les prix de vente sont une caractéristique du système étudié lui-même. Néanmoins, à défaut d'explications sur les différences de prix déclarés par les producteurs, il se peut que l'on soit amené à harmoniser les chiffres considérés pour comparer les systèmes de culture entre eux.

Le prix des produits autoconsommés

Comme nous l'avons vu, nous devons tenir compte des quantités autoconsommées pour estimer les performances agronomiques des systèmes de culture. De la même façon, nous devons en évaluer la valeur, car la part autoconsommée constitue, dans certains cas, la totalité du revenu agricole. Le prix de ces productions autoconsommées est celui que l'agriculteur aurait dû payer s'il ne les avait pas produites. Il s'agit donc du prix d'achat sur le marché le plus proche. Notons que ce prix d'achat est différent du prix de vente pour un même produit, cette différence s'expliquant par l'intermédiation des commerçants.

Comme pour les quantités vendues, différents prix devront être retenus en fonction des périodes auxquelles les produits sont consommés. Une famille qui a pu préserver ses stocks pour consommer ses céréales en période de soudure, au moment des prix hauts, a de fait un revenu plus élevé que celle qui n'a pu faire autrement que de vider les greniers rapidement.

Le prix des sous-produits agricoles

On s'appliquera également à calculer la valeur des sous-produits pour lesquels il existe un marché et qui ne sont pas dédiés à l'intraconsommation, c'est-à-dire qui ne sont pas destinés à être réutilisés dans le système de production.

Par exemple, on prendra en compte la valeur économique de la paille du riz dans le calcul du produit brut si elle est vendue à des éleveurs, mais on ne comptera pas celle qui est brûlée sur place.

Le calcul du produit brut

Le produit brut (PB) correspond à la valeur de production annuelle finale du système de culture, c'est-à-dire aux quantités produites finales, ramenées sur un an et multipliées par le prix unitaire de chaque produit.

$$PB = \text{production finale annuelle} \times \text{prix unitaire}$$

D'une manière générale, l'évaluation économique, basée sur un an, d'un système de culture doit tenir compte de l'ensemble des cultures ou associations de cultures intervenant dans la succession intra-annuelle (les différentes cultures se succédant dans l'année) et dans la rotation (les cultures ou cycles de cultures tout au long de la rotation) et donc du nombre d'années n que comprend la rotation :

$PB = [\Sigma(\text{productions} \times \text{prix unitaire de chaque produit})$ en année 1 $+ \Sigma(\text{productions} \times \text{prix unitaire de chaque produit})$ en année 2 $+ ... + \Sigma(\text{productions} \times \text{prix unitaire de chaque produit})$ en année n]/n

Ce calcul (où Σ est le symbole de la somme) est interprété comme la moyenne des produits bruts des cultures qui se succèdent sur une parcelle sur plusieurs années ou comme la moyenne des produits bruts des parcelles de l'assolement correspondant pour une année.

Dans le cas où des associations de cultures sont pratiquées, ce sont les volumes produits pour chacune des espèces associées qui seront considérés et dont on sommera les valeurs :

$$PB \text{ association} = \Sigma\text{productions} \times \text{prix unitaire de chaque produit}$$

Exemple d'une association de mil et de niébé :

$$PB = (\text{quantité de mil récoltée} \times \text{prix unitaire du mil}) + (\text{quantité de niébé récoltée} \times \text{prix unitaire du niébé})$$

Là réside une grande différence avec les modes comptables classiques de calcul, et notamment les notions de recette et de marge, qui sont des ratios établis pour des cultures et non pour des systèmes de culture. Vu que notre objectif est de tenir compte de la complexité des facteurs en jeu dans les choix des agriculteurs et des interactions entre les cultures au sein d'un système, seuls des ratios s'appliquant à l'échelle de ces systèmes sont pertinents.

Le fait de ramener le produit brut annuel à l'hectare (PB/ha) nous permettra de comparer les produits de différents systèmes de culture.

À ce propos, notons que pour une rotation incluant cycles annuels de cultures et années de jachère, ces dernières doivent être prises en compte dans le calcul du produit brut du système de culture ramené à l'unité de surface.

Ainsi, pour une rotation d'une année de mil et de deux années de jachère, d'une durée égale à trois ans, le produit brut annuel moyen du système de culture, sur l'ensemble de la surface concernée, est :

PB = rendement en mil × surface totale/3 × prix unitaire du mil

Le produit brut de ce système de culture ramené à l'unité de surface est donc :

PB/ha = rendement en mil/3 × prix unitaire du mil

Diviser le produit brut d'un hectare de mil par trois rend compte du fait que deux hectares mis au repos sont nécessaires pour atteindre ce rendement.

▶ Les consommations intermédiaires

On définit les consommations intermédiaires comme l'ensemble des biens et services utilisés et intégralement consommés au cours d'un cycle de production.

Les biens dont il s'agit ici sont les semences, les plants (s'ils sont achetés), les engrais, les pesticides et le carburant. Les services correspondent aux travaux que l'agriculteur ne peut pas réaliser lui-même faute de savoir-faire ou d'équipement : par exemple, le greffage sur une plantation pérenne, les soins vétérinaires dans un élevage, la location de charrue, le recours à la moissonneuse d'un entrepreneur.

Comme le concept de produit brut, celui des consommations intermédiaires s'applique à l'échelle du système dans sa globalité et non pas à l'échelle d'une espèce cultivée. En effet, on ne peut pas, par exemple, isoler les effets des engrais dans une association, ou même dans une succession, et en affecter le coût à une seule espèce, étant donné les arrière-effets possibles.

Le montant annuel des consommations intermédiaires (CI) sera donc :

CI = Σ(quantités de biens × prix unitaire de chaque bien)
    + Σ(quantités de services × prix de chacun d'eux)

Dans le cas très fréquent où les semences utilisées sont autoproduites, c'est-à-dire conservées de la récolte précédente, il peut être justifié de leur accorder une valeur monétaire. En effet, l'agriculteur aurait dû les acheter s'il ne les avait pas conservées. Il faudra alors veiller à ne pas oublier de comptabiliser la valeur de ces semences au moment de calculer le produit brut.

Ce sujet nous amène à évoquer une notion plus large, celle des intra-consommations. Il s'agit des produits ou des sous-produits qui ne sont ni vendus ni autoconsommés, mais utilisés pour une autre activité au sein de l'exploitation : fourrages, litière, céréales pour animaux et autres. Si l'objectif est d'évaluer toute la richesse produite sur une parcelle et s'il existe un marché, et donc un prix, pour ses produits intra-consommés, alors il est possible de les prendre en compte au moment d'évaluer le produit brut. Si l'on souhaite, comme c'est fréquemment le cas pour l'élevage, évaluer l'intérêt qu'il y a à produire soi-même ce produit intraconsommé (par exemple un fourrage) plutôt que de l'acheter, alors les deux calculs correspondant aux deux « scénarios » ne peuvent se faire qu'au niveau de l'ensemble du système de production (voir le chapitre 6). Si, enfin, nous nous contentons de calculer le revenu que procure le système de production – ce qui est notre objectif final –, il n'est pas nécessaire d'évaluer cette intraconsommation, puisqu'elle apparaîtra en positif dans le produit brut et en négatif dans le calcul des consommations intermédiaires.

À ce stade de l'analyse, certains coûts n'ont pas été pris en compte. Il s'agit tout d'abord de l'amortissement économique du matériel utilisé (l'usure du capital fixe). Mais ce matériel sert en général à tous les travaux de l'exploitation familiale, et son usure ne peut donc pas facilement être attribuée à tel ou tel système de culture. Ce coût sera pris en compte à une autre échelle d'analyse, celle du système de production.

Si l'agriculteur « gagne » la valeur de sa production, évaluée par le produit brut, il « perd » la valeur de ses consommations intermédiaires. L'évaluation économique d'un système de culture suppose de calculer la différence entre ces gains et ces coûts, pour évaluer la valeur que l'agriculteur a réellement créée.

▸ Le calcul de la valeur ajoutée brute

La valeur ajoutée brute (VAB) est égale au produit brut moins les consommations intermédiaires :

$$VAB = PB - CI$$

La VAB correspond à la différence de valeur entre ce que l'agriculteur achète ou consomme pour produire et ce qu'il vend ou consomme après le processus de production. Cette différence de valeur correspond donc à la valeur qu'il a créée, ajoutée, par son travail. C'est la mesure de la richesse produite par l'agriculteur. Pour cette raison, il convient de ne pas intégrer dans le calcul des consommations intermédiaires les salaires versés aux travailleurs, ces salaires résultant davantage du mode de répartition de cette richesse.

Dans un système de culture SC fondé sur une rotation d'une durée de n années, la VAB s'obtient de la même façon que le produit brut :

$$\text{VAB du SC} = (\text{VAB en année 1} + \text{VAB en année 2}$$
$$+ \dots + \text{VAB en année n})/n$$

$$\text{Avec VAB en année 1} = \text{PB en année 1 du SC} - \text{CI en année 1}$$

Pour un système de culture basé sur une rotation, c'est bel et bien l'évaluation de l'ensemble du système, suivant cette formule, qui est la plus pertinente. Ce calcul est interprété comme la moyenne des résultats des cultures qui se succèdent sur une parcelle sur le nombre d'années que dure la rotation.

De même qu'on ne peut comparer la quantité de travail exigée par deux systèmes de culture qu'en la ramenant à l'unité de surface, de même le jugement des performances économiques suppose de comparer des valeurs comparables. Il est nécessaire de ramener la VAB à la quantité de terre nécessaire pour la produire :

$$\text{VAB/unité de surface} = \text{VAB totale produite par système de culture}$$
$$\text{par an/surface consacrée au système (mesurée en unité de surface)}$$

Cette variable nous permet de comparer des systèmes de culture sur le plan de la richesse produite par unité de surface. L'unité est le plus souvent l'hectare, mais ce peut en être une autre, comme le carreau ou l'are, dans les systèmes pratiqués sur de très petites surfaces, tel le maraîchage. Il suffit de retenir la même unité pour tous les systèmes comparés.

Appelé « productivité de la terre », cet indicateur permet de comparer l'efficacité des systèmes de culture, en particulier dans les situations de pénurie foncière – quand la terre est un facteur limitant. Un agriculteur qui dispose de très petites surfaces a intérêt à pratiquer des systèmes de culture valorisant au mieux cette terre de surface limitée, c'est-à-dire qui produisent une forte VAB par unité de surface. Cependant, lorsque les agriculteurs travaillent eux-mêmes sur leur exploitation avec leur famille, leur intérêt est avant tout de valoriser au mieux leur force de travail, de choisir les systèmes de culture assurant une production de richesse élevée au regard du travail requis. Ainsi, si leurs surfaces ne sont pas trop limitées, les agriculteurs familiaux auront peu intérêt à mettre en œuvre des systèmes de culture qui requièrent beaucoup de travail, même s'ils produisent une forte richesse par hectare. Leur intérêt sera plutôt de choisir des systèmes offrant une bonne production par rapport au travail investi, quitte à ce qu'ils ne soient pas le plus productifs à l'hectare. Là réside le fossé d'incompréhension qui a longtemps séparé les agronomes en quête de rendements toujours meilleurs et les agriculteurs dont les choix sont en réalité guidés par d'autres considérations, notamment la productivité de leur travail.

La valeur ajoutée brute par unité de travail, ou productivité brute du travail, se calcule de la façon suivante, en considérant l'homme-jour (h.j) comme unité de mesure du travail investi :

VAB/h.j = VAB annuelle pour un système de culture sur une surface donnée/temps de travail total requis par an sur cette même surface (mesuré en homme-jour)

Cette productivité du travail correspond à la richesse obtenue pour chaque journée de travail qui est consacrée à un système de culture donné. Ce critère permet de comparer ce que « rapporte », en termes de création brute de richesse, une journée de travail consacrée à tel ou tel système de culture.

La rémunération brute du travail familial, ou marge brute, est calculée en retirant de la VAB totale le salaire des ouvriers qui ont travaillé dans le système de culture en question, et en ramenant la marge ainsi calculée au nombre de journées de travail familial (le nombre de jours de travail des membres de la famille dédiés au système de culture étudié).

Rémunération brute du travail familial = (VAB/an − total salaires versés/an)/temps de travail familial (mesuré en homme-jour)

La valeur obtenue comparée à la rémunration brute du travail d'un ouvrier ou d'autres opportunités de travail dans la région donne un bon indicateur de la rentabilité d'un système de culture aux yeux de la famille.

Un exemple concret d'évaluation économique d'un système de culture basé sur une association est donné dans le tableau 2.

Tableau 2. Calcul des performances économiques d'un système de culture.

Espèce	Quantité moyenne semée par carreau (en marmites)	Rendement grain (marmites récoltées par marmite semée)	Prix sur le marché local (gourdes/ marmite)	Produit brut (PB) de chaque espèce	PB total (en gourdes)	Coût des semences achetées (en gourdes)	VAB/ carreau (en gourdes)	VAB/ ha (en gourdes)	VAB/h.j (en gourdes)
Maïs	4	40	30	$(4 \times 40 \times 30) = 4\ 800$					
Sorgho	2	100	14	$(2 \times 100 \times 14) = 2\ 800$					
Haricot	10	10	125	$(10 \times 10 \times 125) = 12\ 500$					
Niébé	4	15	80	$(4 \times 15 \times 80) = 4\ 800$	30 350	1 815	28 535	21 950	211
Igname	10 pieds	3 pièces par pied	1,5 (par pièce)	$(10 \times 3 \times 1,5) = 45$					
Bananier	100 pieds	1 régime par pied	50	$(100 \times 1 \times 50) = 5\ 000$					

Productivité de la terre et du travail de l'association maïs, sorgho, niébé, haricot, igname et bananier sur une parcelle de 1 carreau (1,3 ha), nécessitant 135 homme-jour de travail.

Les limites d'un système de culture

À ce stade de la description, de la compréhension et de l'évaluation d'un système de culture, une question peut se poser : pourquoi les agriculteurs ne consacrent-ils pas de plus grandes surfaces à certains systèmes apparemment très productifs ?

Les explications sont-elles d'ordre technique ? Y a-t-il une opération qui, en raison du temps de travail qu'elle requiert dans un laps de temps donné, limite les surfaces que les agriculteurs peuvent exploiter selon le système de culture étudié ? Cette surface maximale, liée au goulet d'étranglement que constitue une opération, sera appelée « limite technique » du système de culture. Cette limite pourrait-elle être levée si les agriculteurs embauchaient des salariés ? S'ils utilisaient un autre type de matériel ? Pour quelle(s) raison(s) ne le font-ils pas ?

Il faut peut-être rechercher les explications dans les autres systèmes de culture et d'élevage que les agriculteurs pratiquent, où certains travaux peuvent entrer en concurrence avec les itinéraires du système en question.

Si, à ces questions, les agriculteurs répondent qu'ils pourraient cultiver plus, il faut alors se demander si le système étudié requiert des terrains spécifiques (type de sol, possibilités d'irrigation, altitude) auxquels les agriculteurs ont un accès limité, ou bien si le mode de faire-valoir constitue un frein à l'extension du système. Il est par exemple fréquent que les cultures pérennes soient réservées aux seuls propriétaires.

Mener les enquêtes

À partir des observations et des premières enquêtes historiques, il est possible de dresser une liste des types de champs rencontrés. Les critères de différenciation sont la position dans l'écosystème, les cultures pratiquées, les modes de conduite. Cette liste est par la suite amendée : après avoir soumis aux agriculteurs rencontrés les types de cultures déjà identifiés, on peut leur demander s'ils connaissent des personnes qui mènent des cultures différentes. On leur demandera aussi s'ils connaissent des agriculteurs qui pratiquent les mêmes cultures que les leurs, mais de façon différente, dans des endroits différents de l'écosystème. Toutes ces questions permettent de cerner la diversité des situations pour la prendre en compte lors de l'échantillonnage.

▌ Le choix des personnes enquêtées

Les enquêtes auprès des agriculteurs visent dans un premier temps à rendre compte de la diversité de leurs pratiques et de leurs situations, ainsi que du fonctionnement de chacun des systèmes de culture étudiés, sans accorder plus de poids à un type de producteur qu'à un autre. En effet, certaines activités (cultures ou façons de produire) peuvent être « en voie de disparition », alors que d'autres sont toutes nouvelles. Dans ces deux cas, le nombre d'agriculteurs menant ces activités est faible. Or ce sont bien les évolutions de l'agriculture et les raisons des changements que nous cherchons à comprendre. Les cas isolés ne doivent en aucun cas être exclus de l'échantillon d'enquête, car leur étude peut être une précieuse source d'explication des dynamiques en cours. Avec une méthode d'échantillonnage aléatoire, la représentation numérique de chaque cas est respectée, avec un grand risque d'omettre les catégories les moins représentées. Nous devons donc constituer notre échantillon de sorte que chaque catégorie soit représentée, au détriment de la représentativité numérique. La figure 8 explique sous un autre angle l'intérêt de l'échantillonnage raisonné.

Un autre élément important doit être pris en compte pour le choix des agriculteurs : il vaut mieux dans un premier temps privilégier les exploitations « en vitesse de croisière », c'est-à-dire celles qui ne se trouvent pas dans une conjoncture particulière au niveau du ménage (accident, maladie ou autre) ou en phase de reconversion par exemple.

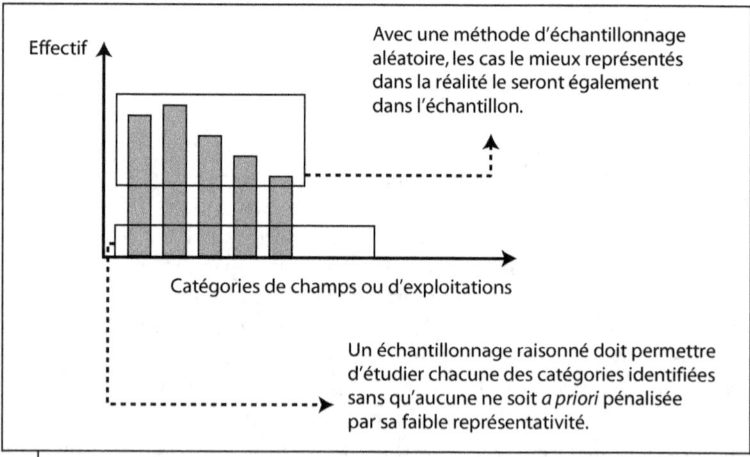

Figure 8. Faire un échantillonnage raisonné.

Ce type de situation est intéressant à étudier dans un deuxième temps, pour analyser par exemple les modalités ou les difficultés particulières liées au passage d'un système à un autre.

Le nombre d'enquêtes

Le nombre d'enquêtes dépend du temps et des moyens de déplacement dont on dispose. Néanmoins, trois ou quatre enquêtes portant sur le même système de culture, d'élevage ou de production ne sont pas de trop pour croiser les informations. Pour les systèmes les plus compliqués (possédant de nombreuses variantes, par exemple), un nombre plus important d'enquêtes sera nécessaire pour décrire et comprendre la variabilité observée.

L'expérience montre que ces enquêtes, qui visent la description fine des pratiques et la compréhension des choix grâce à des évaluations chiffrées, nécessitent souvent de retourner une seconde fois chez les agriculteurs. Ce n'est qu'en dépouillant les résultats du premier passage, et en tentant d'élaborer les schémas explicatifs et de faire les calculs, que l'on se rend vraiment compte des informations manquantes. Le dépouillement de l'enquête doit donc, si possible, avoir lieu le jour même.

Enfin, il va sans dire que réaliser les entretiens dans les champs des agriculteurs fait gagner beaucoup en richesse d'informations et d'échanges.

5. Comprendre les pratiques d'élevage

Comme pour les cultures, l'étude du milieu biophysique et agro-écologique, grâce notamment aux lectures de paysage, a permis d'identifier et de localiser les différents types d'animaux présents dans le territoire et d'observer différentes classes de parcours, de pâtures, de prés, de bâtiments d'élevage. Les enquêtes historiques ont également fourni des informations sur les espèces animales, sur les races et sur les techniques d'élevage apparues dans les exploitations au cours de l'histoire. Une première liste des systèmes d'élevage pratiqués par les agriculteurs, encore provisoire, peut ainsi être dressée. Un système d'élevage est considéré comme « un ensemble d'éléments en interaction dynamique organisé par l'homme en vue de valoriser des ressources par l'intermédiaire d'animaux domestiques pour en obtenir des productions variées (lait, viande, cuirs et peaux, travail, fumure, etc.) ou pour répondre à d'autres objectifs ». (Landais cité dans Lhoste *et al.*, 1993)

Il s'agit de la représentation théorique d'une certaine façon de conduire un troupeau : des techniques d'alimentation, de reproduction, de protection sanitaire et d'exploitation données débouchent sur des produits d'élevage donnés. Un système d'élevage se définit à l'échelle du groupe d'animaux de même espèce, conduits d'une façon donnée depuis la naissance (pour des élevages naisseurs) ou depuis l'acquisition (pour des élevages engraisseurs) jusqu'à la fin de la carrière. Il peut donc exister plusieurs systèmes d'élevage dans une exploitation agricole.

Un premier inventaire des systèmes d'élevage peut être réalisé en exploitant les résultats des études paysagères et des entretiens historiques. Ces résultats sont éventuellement croisés avec des entretiens spécifiques auprès d'éleveurs ayant un point de vue assez large sur le territoire étudié et sur les différentes formes d'élevage qui y sont pratiquées. Nous nous attacherons pour cela à distinguer les espèces et races élevées, les modes de conduite selon les saisons (au piquet, en divagation, en parc, en stabulation ou autre) et les produits finaux (veaux de huit jours, veaux sevrés, veaux lourds, broutards, taurillons, lait, fromage, fumier, services de traction animale). Ces trois éléments ne se combinent pas de façon aléatoire, mais forment des « tout » que nous analyserons comme des systèmes : certaines races sont conduites d'une certaine façon pour certains produits finaux et certains niveaux de production.

Tous les systèmes d'élevage devront être pris en considération, y compris ceux qui, de prime abord, apparaissent comme négligeables ou difficiles à appréhender : les quelques volailles élevées par les femmes dans les cours, les deux ou trois chèvres en divagation, le jeune bélier engraissé dans un coin de la concession. L'étude de ces petits ateliers dévoilera bien souvent le rôle important qu'ils jouent dans l'économie de certains types d'exploitation. Bien entendu, l'établissement d'une typologie des systèmes d'élevage est un processus progressif et itératif. Le premier inventaire n'est qu'un premier jet, qui sera affiné au fur et à mesure des entretiens de caractérisation menés auprès des éleveurs.

Dans beaucoup de situations, les acteurs en présence autour d'un troupeau peuvent être nombreux, et leur rôle doit être précisément connu, notamment afin de définir correctement les interlocuteurs pour mener les entretiens de caractérisation. De la même façon que certains agriculteurs ne sont pas propriétaires de leur terre, il arrive que certains éleveurs ne soient pas propriétaires de leurs animaux. Il importe donc au préalable, lors de cette phase d'identification des systèmes d'élevage, de connaître les différentes formes de tenure des animaux. De plus, la prise de décision quant à la reproduction, à la conduite des troupeaux et à l'usage des produits peut aussi être répartie entre différents acteurs. Par exemple, la traite et la vente du lait sont faites par les femmes, la conduite du troupeau et l'exploitation des animaux sont sous la responsabilité des hommes. L'objectif étant de bien connaître et comprendre les pratiques d'élevage, il faudra veiller à mener les entretiens avec les bons interlocuteurs : on peut être amené à rencontrer plusieurs personnes pour caractériser un seul système d'élevage.

Il sera mené autant d'entretiens que possible compte tenu du temps et des moyens disponibles, et autant de fois que cela sera nécessaire pour rassembler tous les éléments permettant de décrire et de comprendre les choix dans la conduite des animaux ainsi que d'en évaluer les résultats. Le principe de triangulation impose de mener au moins trois entretiens par type de système d'élevage, sauf, bien entendu, si un système particulier n'est pratiqué dans la région que par une ou deux exploitations. Cela peut être le cas de systèmes récents et innovants.

La caractérisation technique
des systèmes d'élevage

Au préalable, insistons sur quelques précautions méthodologiques importantes.

La première difficulté méthodologique de l'étude des systèmes d'élevage familiaux réside dans le fait que les effectifs sont rarement stables et que les variations semblent de prime abord assez aléatoires. Cependant, les modes de conduite des animaux ont une cohérence interne qu'il nous faut décrire et comprendre. Le troupeau a-t-il une fonction spécifique d'épargne sur pied, mobilisée pour investir dans l'exploitation ou dans d'autres activités, ou pour augmenter le niveau de vie ou de prestige des familles (déstockage important à l'occasion de grandes fêtes ou de funérailles, par exemple) ? Les pratiques d'exploitation du troupeau sont-elles à mettre en parallèle avec des baisses saisonnières de disponibilités fourragères, ou avec des besoins de trésorerie pour d'autres activités de l'exploitation ? Ou encore sont-elles à relier à des opportunités de marché ?

Une deuxième difficulté méthodologique réside dans le fait que nous ne pouvons baser la caractérisation d'un troupeau sur la « photo » que nous pourrions en faire au moment t où l'enquête est menée. Il se peut fort bien que l'éleveur enquêté vienne juste de vendre deux des quatre vaches qu'il possédait et qu'il en rachète deux prochainement : faut-il en déduire que l'effectif du cheptel reproducteur est de deux ? Recueillir les caractéristiques d'état du troupeau n'est donc pas suffisant. Un troupeau est constitué de différentes classes d'animaux que l'on distingue selon l'âge, le poids, le sexe, la phase de la fonction productive et l'activité sexuelle. Par conséquent, leurs effectifs respectifs varient dans l'année, selon une logique qu'il faut justement découvrir en s'attachant à décrire les caractéristiques dynamiques du système d'élevage.

Nous sommes ici amenés à distinguer les élevages qui ont une activité d'engraissement des troupeaux comprenant des reproductrices (et parfois des reproducteurs) et qui ont donc une activité de naissage, souvent combinée avec une activité d'élevage des jeunes et parfois d'engraissement. Bien entendu, chaque type d'élevage peut également combiner d'autres activités telles que la production de lait ou de laine. Enfin, d'autres types d'élevage peuvent être fortement intégrés au système de production et avoir essentiellement une fonction de traction ou de transport, ou encore de production de fumier.

La structure des élevages strictement engraisseurs repose sur une gestion des animaux en bandes. Pour la caractériser, il suffit de connaître les périodes d'achat des jeunes, les caractéristiques des jeunes, la durée de présence sur les exploitations et la façon dont les bandes sont constituées (en fonction du poids, de l'âge ou du sexe). Il arrive bien souvent que, dans les exploitations les plus petites, la bande se résume à l'unité.

Nous décrirons de façon plus approfondie le cas des élevages naisseurs, car ces élevages sont bien plus complexes, la fonction de naissage pouvant être combinée avec d'autres fonctions.

▌ Les pratiques de reproduction et la productivité numérique

Le choix des races et la conduite de la reproduction

L'important n'est pas seulement de relever le nom des races élevées ou les croisements éventuellement opérés, mais également de décrire les caractéristiques recherchées par l'éleveur. Recherche-t-il des races très fécondes, ou prolifiques ? Ou est-ce le critère de rusticité qu'il privilégie ? Ou encore, la productivité bouchère ou laitière, le comportement au dressage, la qualité des produits ?

Dans le cas des élevages naisseurs, il faudra également connaître les techniques de mise à la reproduction. À quel âge se fait la première mise à la reproduction des femelles ? Les éleveurs adoptent-ils l'insémination artificielle ou la monte naturelle ? Dans ce dernier cas, quel est le degré d'intervention des éleveurs ? Contrôlent-ils les accouplements ? Comment choisissent-ils les reproducteurs ? Ont-ils recours à d'autres éleveurs pour maintenir ou accroître leur capital génétique : achat de saillies aux voisins, jeunes femelles acquises auprès d'autres exploitants ou sur les marchés ?

L'estimation des performances d'élevage

Dans les troupeaux naisseurs, l'unité de production est la femelle reproductrice (vache, brebis, chèvre, poule, truie, etc., mise à la reproduction). Une fois connu le nombre de femelles reproductrices présentes en année normale, il faudra chercher à recueillir auprès des éleveurs

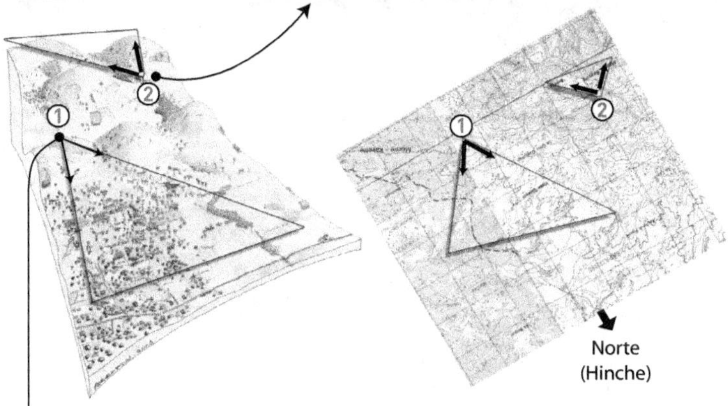

Haïti, Plateau central, Lakou Cadichon
L'observateur s'est d'abord arrêté sur le sommet d'une colline située
sur la ligne de transition entre un massif montagneux et une vaste
dépression plane (point 1), pour avoir un premier angle de vue
en contrebas, en direction de la plaine.
Après être monté un peu plus haut sur le relief, il s'est arrêté
sur un replat d'altitude (point 2) pour observer la chaîne montagneuse.

Figure 1. Lecture de paysage à partir de points hauts.

Une plaine légèrement ondulée, très boisée, s'offre au regard de l'observateur.
Les espèces arborées dominantes sont le palmier royal, le manguier et l'avocatier.
Quelques bosquets de *Prosopis* ponctuent le paysage.
La plaine est une mosaïque de champs cultivés (a), enherbés ou récemment
labourés (b).

(a) Les champs mis en culture de maïs au moment de l'observation
sont souvent proches des habitations. Les maisons, aux toits couverts
de palmes, sont entourées de bananiers et d'arbres.

(b) L'espace est occupé, pour une partie importante, par des parcelles labourées
et des parcelles en jachère herbeuse, pâturées par des bovins mis au piquet.
Les arbres sont nombreux et clairsemés soit au milieu des parcelles,
soit à leur périphérie ; certains semblent émondés.

(c) À l'arrière-plan, dans le prolongement de la plaine arborée, on distingue
une vaste étendue herbeuse. S'agit-il d'une zone où les arbres ont été abattus
ou d'une zone où les arbres poussent moins bien ? Ou, au contraire, l'espace boisé
est-il en train de s'étendre dans cette direction ? Quelles sont les dynamiques
à l'œuvre dans ce paysage ?

Figure 2. Observations à partir du point 1 en direction de la plaine.

Au premier plan, le relief est légèrement ondulé : nous sommes sur le replat d'altitude (le *platon*). Au second plan, les pentes s'accentuent. À l'arrière-plan, les pentes sont fortes, entrecoupées de vallons encaissés (les *ravines*).
Enfin, dans leur partie sommitale, les pentes des *mornes* s'adoucissent, les sommets semblent arrondis.

(a) Les parties planes du *platon* sont occupées par des parcelles de maïs. En se rapprochant encore il est possible de distinguer du niébé associé au maïs. On note des avocatiers et des palmiers parsemés dans les parcelles comme dans la plaine.

(b) De nombreux bananiers et quelques grands arbres fruitiers, principalement des manguiers, sont plantés aux abords du replat.

(c) À l'arrière-plan, à l'approche du sommet, les larges espaces cultivés ou enherbés (il est difficile de se prononcer à cette distance) comptent peu ou pas d'arbres. Des parcelles ont été récemment préparées et brûlées. Dans la *ravine*, la densité des arbres s'accroît, et de nombreux bananiers y ont été plantés.

Cette partie de la zone d'étude ne semble pas habitée.

Figure 3. Observations à partir du point 2 en direction de la chaîne montagneuse.

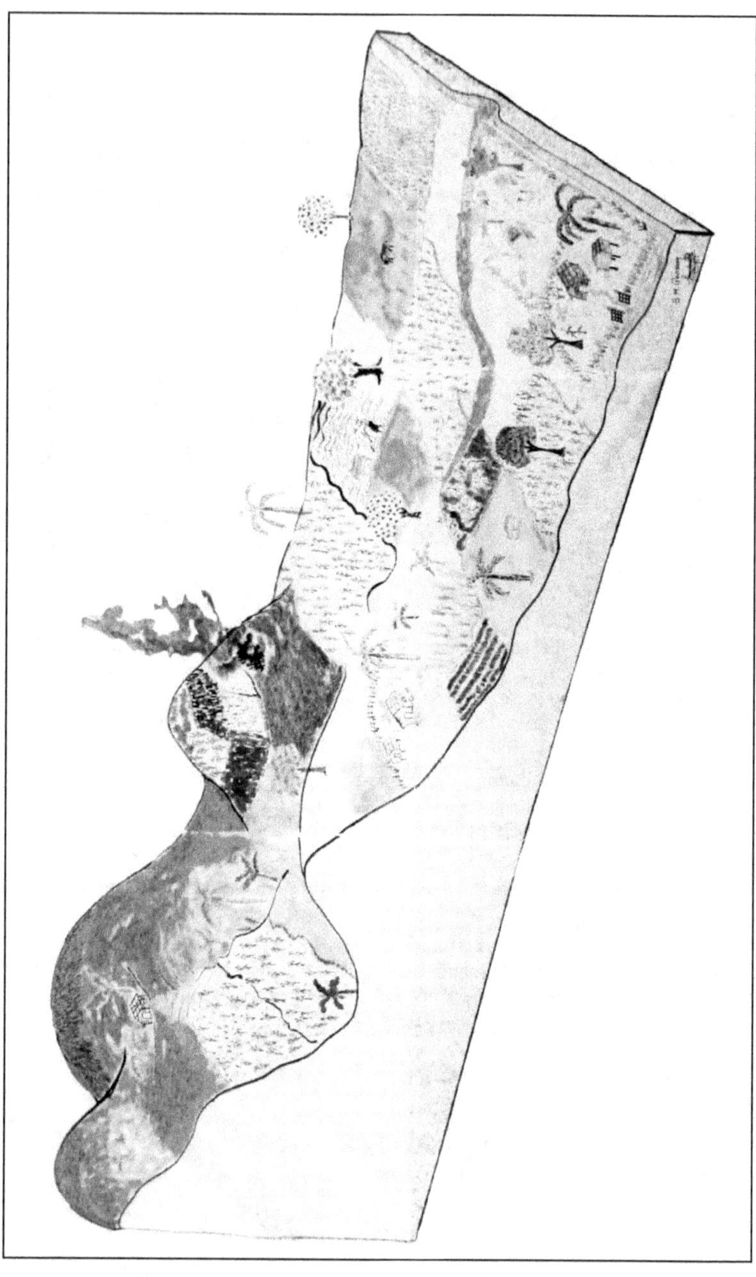

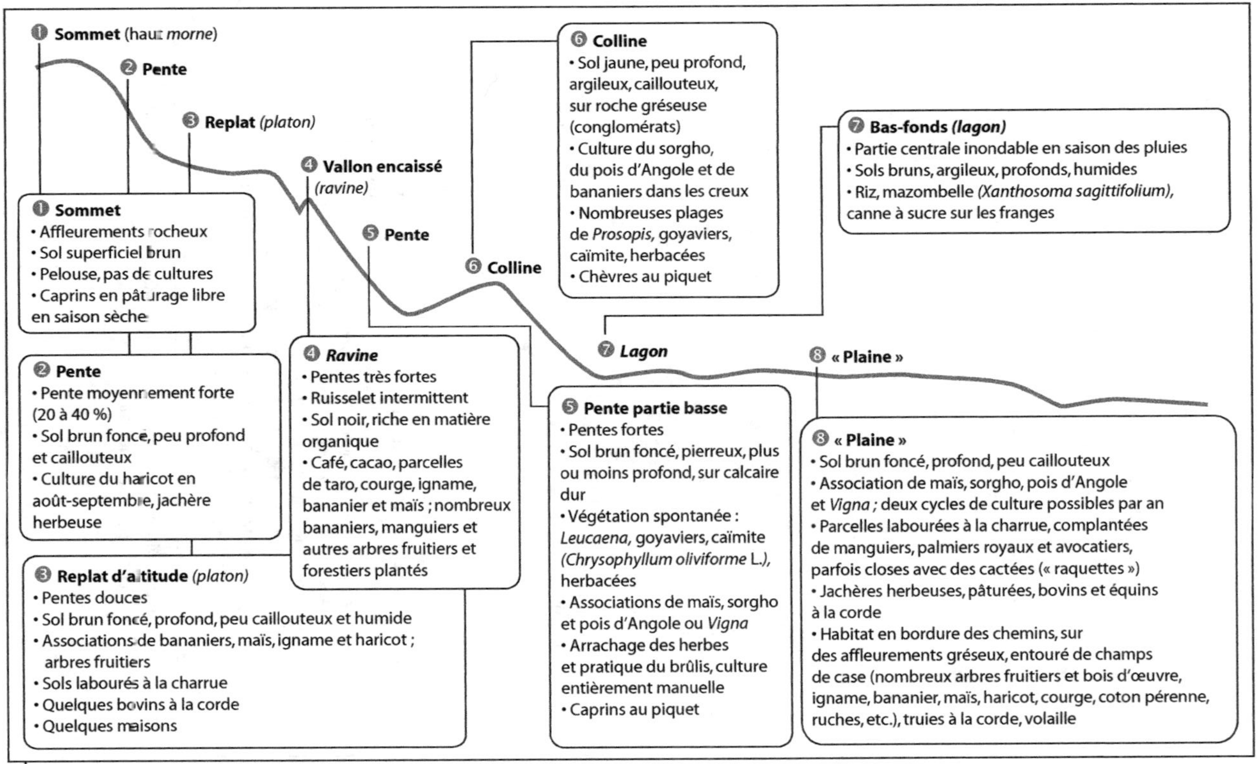

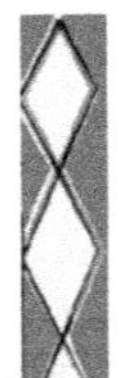

Figure 4. Représentation schématique d'une coupe topographique et de différentes unités agro-écologiques identifiées à Lakou Cadichon.

Le paysage de Lakou Cadichon dans les années 1930-1950

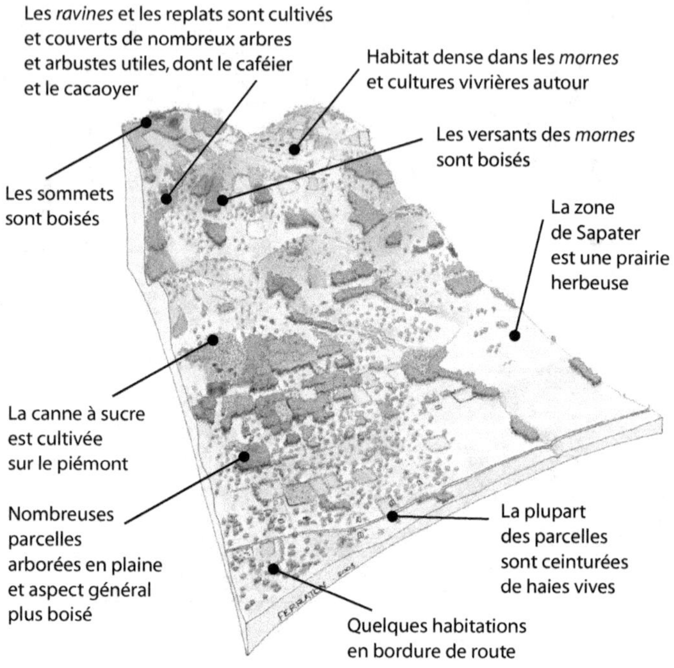

En quelques lignes : l'habitat est concentré dans les *mornes,* sur les *platons,* où de petits producteurs cultivent le maïs, le haricot et un peu de caféiers et de cacaoyers sur les abords des *ravines.* Les essences forestières sont très exploitées. La zone est globalement plus boisée, que ce soit sur les sommets ou sur les versants des *mornes.* Dans la plaine, de grandes exploitations se consacrent à l'élevage, et à la culture de la canne à sucre sur le piémont des *mornes.* Les parcelles sont closes par d'épaisses haies vives qui protègent les cultures des animaux en liberté, et elles sont laissées en friche sur de longues durées.

Figure 5. Reconstitution du paysage de Lakou Cadichon dans les années 1930-1950 et comparaison avec le paysage actuel.

Le paysage de Lakou Cadichon dans les années 2000

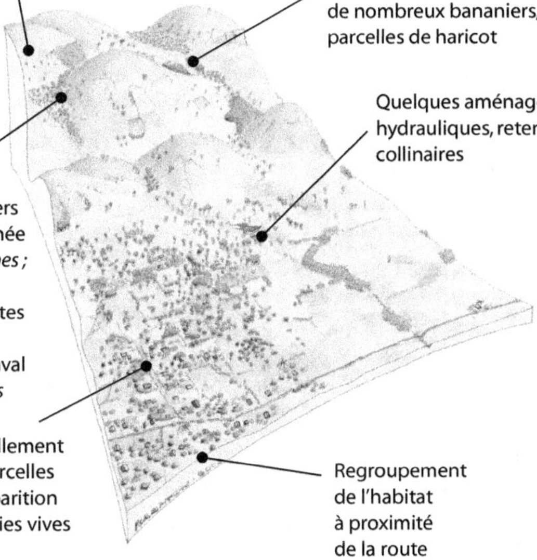

Disparition des arbres
sur les sommets
et les versants des *mornes*

Les *platons* sont quasiment
inhabités ; présence
de nombreux bananiers,
parcelles de haricot

Quelques aménagements
hydrauliques, retenues
collinaires

La culture
de caféiers
et de cacaoyers
est abandonnée
dans les *ravines ;*
des vergers
et des palmistes
sont cultivés
sur la partie aval
de ces *ravines*

Morcellement
des parcelles
et disparition
des haies vives

Regroupement
de l'habitat
à proximité
de la route

En quelques lignes : l'habitat est regroupé près de la route nationale. Les parties hautes ont subi un profond déboisement. Les pentes continuent à être cultivées sur des friches de très courte durée (un ou deux ans maximum). Les champs des replats et de la plaine sont désormais, pour la plupart, labourés à la charrue tirée par des bœufs et laissés quelques mois en jachère pâturée par des animaux menés au piquet. Les clôtures en cactées ont presque disparu, sauf autour des champs de case et de quelques parcelles cultivées en saison sèche (lorsque des animaux sont placés dans les champs pour profiter des résidus de culture), comme les bananeraies et les quelques petites parcelles de canne à sucre qui subsistent.

Figure 5 (suite). Reconstitution du paysage de Lakou Cadichon
dans les années 1930-1950 et comparaison avec le paysage actuel.

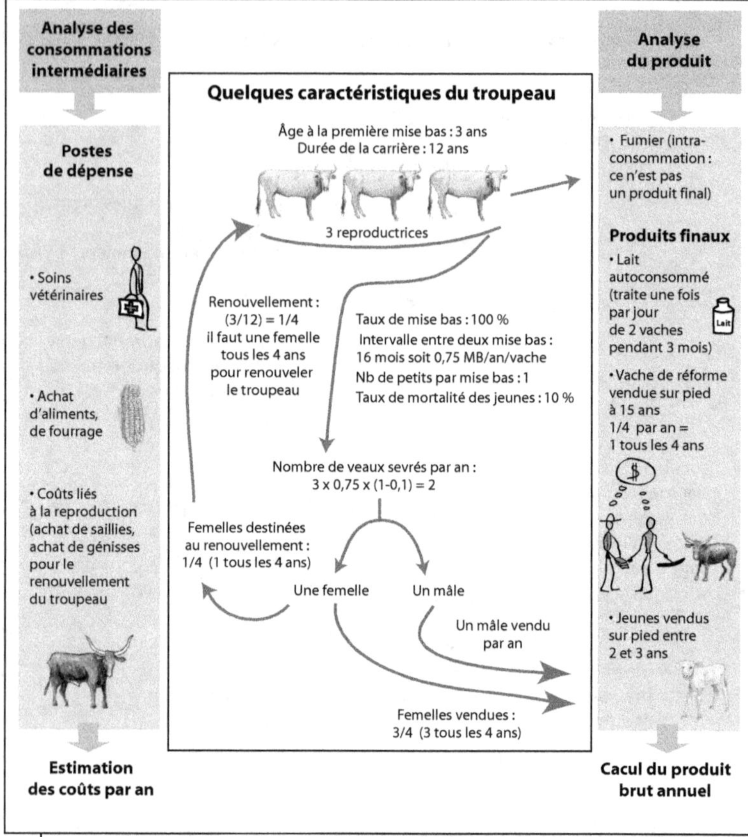

Figure 9. Exemple de schéma de fonctionnement d'un troupeau bovin.

les informations concernant les performances de reproduction et la productivité numérique des mères qui en découle. Ces données sont appelées performance d'élevage, par opposition aux performances de production relatives aux quantités de lait, de viande, de laine, d'œufs ou autres produits.

Les principaux critères d'évaluation des performances d'élevage sont les suivants :

Taux de mise bas = nombre de femelles mettant bas × 100/nombre de femelles mises à la reproduction

et

Taux de prolificité = nombre de petits nés × 100/nombre de femelles mettant bas

Le taux de fécondité est le nombre de jeunes nés vivants par femelle mise à la reproduction ; il peut aussi être défini comme le produit du taux de mise bas par le taux de prolificité du troupeau.

Taux de fécondité = taux de mise bas × taux de prolificité

ou

Taux de fécondité = nombre de petits nés × 100/nombre de femelles mises à la reproduction

On privilégie souvent l'estimation et l'utilisation de ce taux de fécondité qui est réellement la première et principale composante de la productivité numérique du troupeau. Chez les bovins, le taux de fécondité est très proche du taux de mise bas, puisque les naissances multiples sont très rares (prolificité voisine de 1). Ce n'est pas le cas des autres espèces telles que les petits ruminants (ovins et caprins) et les porcins.

La productivité numérique au sevrage du troupeau (PNS) est un paramètre essentiel. Elle revient à évaluer le nombre de jeunes sevrés produits par mère. On peut aussi la calculer en retranchant de la fécondité le nombre des jeunes morts avant le sevrage. Cette mortalité des jeunes comprend la mortinatalité (mort-nés) et la mortalité entre la naissance et le sevrage.

Taux de mortalité des jeunes = nombre de petits morts × 100/nombre de petits nés

PNS = taux de fécondité × (100 − taux de mortalité des jeunes)

Selon l'hypothèse d'une sex-ratio de 50/50, le nombre de jeunes mâles et de jeunes femelles sevrés produits par an dans le troupeau est de PNS/2.

Afin de pouvoir comparer les systèmes d'élevage, il est important de connaître la productivité des mères sur un même laps de temps, en l'occurrence sur un an : tous les critères zootechniques définis plus haut devront être ramenés à l'année. Or les cycles de reproduction des animaux – les intervalles entre deux mises bas pour les mammifères ou entre deux cycles de ponte pour les volailles – peuvent être soit supérieurs ou égaux à un an (pour les bovins par exemple), soit inférieurs ou égaux à un an (petits ruminants, porcs, volailles, etc.).

Pour des espèces telles que les porcs ou les volailles, il est fréquent que toutes ces informations soient recueillies pour un cycle. Or le nombre de cycles par mère n'est pas de un par an. Il nous faudra donc diviser les ratios définis plus haut par l'intervalle entre deux mises bas mesuré en années (ou les multiplier par le nombre de mises bas ou de cycles de ponte par an) pour obtenir des paramètres annuels, notamment la productivité numérique (PN) des mères, par an :

PN annuelle = PN pour un cycle/intervalle entre deux mises bas mesuré en années

Une fois connue la productivité numérique des mères, il nous faut connaître leur devenir (mortalité, réforme) et leur mode de renouvellement. Qu'en est-il de la mortalité des femelles adultes ? Quelles en sont les principales causes ? Le taux de mortalité peut être discuté avec l'éleveur en fonction des aléas et de leur fréquence, en bonne année et en mauvaise année. De même, les pratiques de réforme devront être analysées : qu'est-ce qui pousse l'éleveur à réformer les femelles ? À quelles occasions le fait-il ? Les femelles sont-elles vendues ? Sont-elles abattues et consommées ? Quels effectifs cela représente-t-il, en fonction des années ?

Connaître la mortalité des adultes et la durée de la carrière d'une femelle mise à la reproduction permet d'évaluer le nombre de jeunes femelles nécessaires pour le renouvellement. Si, par exemple, les vaches sont réformées au bout de dix ans de carrière en moyenne, à compter de la date de la première saillie, le taux annuel de réforme est de 1/10 de l'effectif total de reproductrices. Si les agriculteurs renouvellent leurs troupeaux à partir de la descendance de leurs vaches, ils doivent, pour maintenir les effectifs, conserver tous les ans, en moyenne, un nombre de génisses équivalent à 1/10 du nombre de reproductrices.

Dès lors se pose la question des pratiques des éleveurs pour le renouvellement de leur « capital reproducteur ». Les éleveurs conservent-ils une partie de leurs jeunes femelles pour le renouvellement, et dans quelle proportion ? Les achètent-ils ? Comment, à qui ? S'il apparaît qu'ils n'achètent jamais de jeunes femelles, et si l'effectif de reproductrices est stable, le nombre de mères réformées ou mortes par an est égal au nombre de jeunes femelles conservées pour le renouvellement.

▶ Les pratiques et les paramètres d'exploitation du troupeau

Le devenir des jeunes

Les premières informations sur la productivité numérique des mères et sur leur mode de réforme et de renouvellement nous apportent, de façon logique, de précieuses informations sur les types d'animaux présents au cours de l'année dans un troupeau : le nombre de mères et leur âge, le nombre de jeunes nés par an, le nombre de femelles gardées pour le renouvellement, leur âge. Mais ce n'est pas suffisant. Il nous faut maintenant nous intéresser au devenir des jeunes mâles et des femelles qui ne sont pas gardées pour le renouvellement. Dans quelle fourchette d'âge, ou de poids, sont-ils vendus ? Il est important ici d'être précis. À ce stade, nous ne nous contenterons plus de désigner par exemple un système d'élevage « bovin viande ». Il nous faut préciser s'il s'agit d'élevages produisant des veaux légers, des veaux lourds, des broutards, des taurillons, des bœufs castrés, des génisses, etc., ou une combinaison de différents types de produits. Comment les éleveurs procèdent-ils pour décider de vendre un ou plusieurs animaux ? Quels éléments prennent-ils en compte ? Le prix du marché ? Les disponibilités de fourrage ou d'eau (il arrive souvent que les éleveurs déstockent en début de saison sèche) ? Le poids ou l'état des animaux ? D'autres activités menées sur l'exploitation, qui obligent à « se débarrasser » des animaux pour libérer de la main-d'œuvre ? Les besoins monétaires pour les autres activités des exploitations (achat d'engrais ou de semences) ou pour les familles (achat de médicaments ou de fournitures scolaires, fêtes religieuses) ?

Toutes ces informations permettent d'établir les effectifs des différents lots ou ateliers qui composent les troupeaux : le nombre de reproductrices (taries ou en lactation), le nombre de génisses de moins de un an et de un à deux ans gardées pour le renouvellement, le nombre de veaux vendus au sevrage, le nombre de jeunes mâles élevés. Pour rendre compte de façon synthétique de cette structure du troupeau, il peut être utile d'utiliser la notion de « suite » d'une femelle reproductrice. La suite traduit en quelque sorte le « poids », et donc les besoins, des différentes classes d'animaux logiquement présents aux côtés d'une mère, au vu des paramètres calculés. Prenons l'exemple d'un troupeau de vaches allaitantes ayant une productivité numérique au sevrage de 0,4 et dont les jeunes sont vendus au stade « broutard », à 9 ou 10 mois. Considérons qu'une partie des génisses est gardée et mise à la reproduction à deux ans, de façon à assurer un taux de renouvellement annuel de 10 %. C'est donc 0,3 jeune qui est vendu chaque année en moyenne par vache. Sur la base d'une sex-ratio de 50/50, la suite d'une vache dans ce système d'élevage s'exprime de la façon suivante :

Une mère de 2 à 12 ans + 0,4 jeune de 0 à 10 mois
+ 0,1 génisse de 9 à 24 mois

Il est possible, si l'on dispose de tables adéquates, de donner un poids relatif à cette suite en utilisant une même unité. Par exemple, l'unité utilisée pour les ruminants est l'unité de bétail tropical (UBT) qui équivaut à un bovin de 250 kilos. Cette mesure permet de comparer le « poids » des mères et de leurs suites dans différents systèmes d'élevage. Elle permet aussi de rendre compte de façon synthétique de l'impact des choix des éleveurs, concernant le renouvellement et l'exploitation des jeunes, sur les besoins alimentaires globaux de leurs troupeaux.

Une fois établies les proportions moyennes des différentes catégories d'animaux, il importe de chercher à comprendre, avec les éleveurs, les variations d'effectifs qui peuvent survenir d'une année à l'autre ainsi que leurs causes. Il faudra ensuite évaluer l'incidence de ces variations d'effectifs et de productivité des animaux sur les revenus (voir la section « Estimer les performances économiques »).

Les autres pratiques d'exploitation et de valorisation des produits

Combinée avec la productivité numérique du troupeau, l'estimation des paramètres d'exploitation nous permettra finalement d'évaluer l'ensemble des quantités de produits finaux par an et par mère.

Un premier paramètre d'exploitation a été présenté dans le paragraphe précédent : l'âge, ou le poids, à la vente ou à l'abattage. Ici, nous préciserons avec l'éleveur si le produit final (sortant de l'exploitation) est un animal vif, un animal abattu (quantités estimées en « poids carcasse ») ou un animal transformé. Dans ce dernier cas, l'unité de mesure dépendra du produit final et de son mode de conditionnement pour la vente. D'autres produits que les jeunes peuvent être tirés du troupeau. D'autres opérations d'élevage devront donc être décrites et d'autres paramètres d'exploitation calculés, tels que :

– les pratiques de traite des vaches, brebis ou chèvres laitières, et le nombre de litres de lait produits par an ;

– le rythme de ponte des volailles, les pratiques de collecte des œufs et le nombre d'œufs produits par poule et par an (distinguer le nombre d'œufs vendus du nombre d'œufs mis à couver) ;

– les pratiques de tonte et la quantité de laine produite par brebis et sa suite ;

– la collecte et la vente de fumier ainsi que les quantités vendues, ramenées au nombre de reproductrices ;

– les services rendus (traction, transport, actionnement de moulins) à d'autres exploitants.

Dans tous les cas, le calcul des quantités doit provenir d'une connaissance fine des pratiques d'exploitation. Par exemple, il ne suffit pas de demander « combien de litres de lait une vache produit-elle par an ? », il faut aussi connaître la durée de la période de traite (et, à l'opposé, de tarissement), le rythme de traite (une ou deux fois par jour en fonction de la présence ou non d'un jeune à élever), la quantité de lait obtenue à chaque traite, en début, en milieu et en fin de lactation. Ces informations sont importantes, car utiles au moment où l'on devra connaître la répartition des besoins du troupeau au cours de l'année (une vache en lactation a des besoins bien supérieurs à ceux d'une vache tarie) et établir le calendrier des opérations d'élevage.

▶ L'alimentation et l'abreuvement du troupeau

Les caractéristiques des races élevées, les paramètres zootechniques cités plus haut et la structure du troupeau donnent des indications sur la répartition des besoins des animaux tout au long de l'année. En effet, ces besoins peuvent varier selon les saisons en fonction de la présence ou non de jeunes, des périodes de mise bas, du niveau de lactation des vaches, ou encore du travail fourni dans le cas où le cheptel comprend des animaux de trait. Ils sont parfois quantifiables en unités fourragères et en eau, mais l'étude peut très bien être menée sans les quantifier.

La première étape consiste à connaître les disponibilités en aliments et en eau. Il faut pour cela recenser avec les éleveurs les différentes parties de l'écosystème (déjà caractérisées, notamment du point de vue botanique) exploitées spécifiquement pour leurs animaux : parcelles de cultures fourragères et ressources spontanées telles que prairies naturelles, parcours, jachères, bords de chemin, arbres et arbustes fourragers situés en bordure de parcelle ou en brousse. Ensuite, il convient de répertorier les espaces utilisés de façon secondaire, notamment pour le pâturage ou pour le ramassage des résidus de récolte, ainsi que les ressources extérieures aux exploitations mobilisées pour cet élevage, telles que les aliments achetés ou les déchets ménagers. Sur la base des observations faites pendant la première étape du diagnostic, et des dires des éleveurs, chacune des unités de milieu exploitées pour les animaux doit être décrite : flore et biomasse présentes au fil des saisons, durée et fréquence de pâturage pour les parties livrées à la dent des animaux, quantités ramassées (si possible évaluées en matière sèche) et destination des fourrages. Comme chaque espèce a sa physiologie propre, la flore pâturée n'est pas accessible de la même manière à toutes les espèces. Les caprins, à la différence des ovins, ont accès aux arbres ; les ovins délaissent les herbes hautes broutées par les bovins. Les différentes espèces botaniques n'ont pas non plus la même appétence pour tous les animaux. Des complémentarités entre espèces animales peuvent être relevées. Par exemple, des ovins, des bovins et des caprins lâchés sur un même espace ne vont pas exploiter les mêmes espèces botaniques. Un parallèle peut être fait ici avec les associations de culture.

Ces disponibilités alimentaires seront mises en regard des besoins des animaux grâce à un calendrier fourrager. Le calendrier fourrager est un outil important de caractérisation d'un système d'élevage. Il consiste à établir un tableau sur lequel on reporte, du début à la fin de l'année et pour chaque catégorie d'animaux présente dans les troupeaux, les espaces utilisés et la nature des ressources alimentaires consommées, en distinguant celles qui sont pâturées de celles qui sont affouragées (légumineuses, graminées, feuilles, foin, ensilage, mauvaises herbes, céréales, avocats, mangues, déchets ménagers) et si possible leurs quantités.

Si l'on a pu estimer les surfaces fourragères utilisées pour l'alimentation des animaux, il peut être intéressant d'évaluer le chargement animal afin de pouvoir comparer ensuite les systèmes d'élevage. Il s'agit en fait de ramener à l'unité de surface le nombre d'animaux

estimé en UBT, sur la base de la structure du troupeau, c'est-à-dire de la suite type des reproductrices qui aura été construite au préalable grâce à la démarche expliquée au début du chapitre.

▷ Les pratiques sanitaires

Face aux trois grands types de maladies – infectieuses, métaboliques et parasitaires –, les éleveurs ont des pratiques soit préventives, soit curatives qu'il nous faut maintenant décrire. Ces pratiques englobent l'hygiène des animaux, l'hygiène des bâtiments et les soins sanitaires. Il peut s'agir d'opérations menées par l'éleveur lui-même ou d'actes confiés à un tiers, comme un chaman, un technicien ou un vétérinaire. Quoiqu'il en soit, ces pratiques devront être déclinées selon les classes d'animaux déjà identifiées au sein du troupeau et devront être mises en regard des conceptions qu'ont les éleveurs des risques et des problèmes sanitaires rencontrés. Elles peuvent également être reportées sur un calendrier.

La fiche 6 résume les principaux éléments à recueillir lors d'un entretien de caractérisation d'un système d'élevage.

→ Fiche 6
Caractérisation d'un système d'élevage : éléments pour la construction d'un guide d'entretien

1. Les caractéristiques d'état du troupeau

• Les types d'animaux élevés, les races et les caractéristiques génétiques ; comment l'éleveur compare-t-il la ou les races choisies à d'autres ?
• L'âge et le sexe des animaux, les effectifs par tranche d'âge (établissement de la pyramide des âges du troupeau)
• Les animaux appartiennent-ils à un seul ou plusieurs propriétaires ? Y a-t-il une répartition des rôles entre les membres de la famille pour l'exploitation du troupeau ? Quelle est la nature des contrats des bergers ou des gardiens ?
En fonction de ces premiers éléments, cibler le ou les interlocuteurs auprès desquels mener les entretiens.

2. La gestion de la reproduction

• Monte libre ou monte contrôlée ?
• Âge de la mise à la reproduction ?

- Période(s) de mise bas ? Groupées ou non ? Des difficultés ?
- Critères de choix des reproducteurs ?
- Âge à la réforme des mâles, des femelles ?
- Intervalles entre mises bas ?
- Durée de la gestation ?
- Nombre de petits par portée ?
- Taux de mortalité avant sevrage ?
- Taux de renouvellement des femelles reproductrices ? Ou durée de carrière des mères avant réforme ?

3. L'exploitation du troupeau

Pour chaque produit et sous-produit du troupeau, tenter d'identifier les quantités obtenues et leur destination – autoconsommation (famille), vente, dons sociaux ou religieux, sacrifice, intraconsommation (fumier, transport) – et de se faire décrire les pratiques d'exploitation du troupeau par l'éleveur.

Le lait

- Les périodes de lactation sont-elles groupées pour tous les animaux ou échelonnées ?
- Combien de mois dure la lactation ? Mois de début et mois de fin ?
- Comment évolue la courbe de lactation ?
- Quelle quantité moyenne de lait une femelle produit-elle par jour ?
- Quel est le mode de traite ?
- Quelle est la qualité du lait ?
- Quel est le prix du lait en fonction de la qualité ?

La vente des animaux issus du troupeau

- À quel âge ou poids les mâles sont-ils vendus ? Et les femelles ? La vente se fait-elle à date ou poids fixe ou à date ou poids variable ? Comment est prise la décision de vendre ?
- Quel est le prix de vente à chaque âge (par animal vif, par carcasse ou par kilo de poids vif ou de poids carcasse) ?

La vente des animaux de réforme (reproducteurs)

- À quel âge les mères sont-elles réformées ? Et les mâles ? Comment est prise la décision de réformer ?
- Quelle est l'estimation du prix de vente des animaux de réforme (poids vif, poids carcasse) ?

Les œufs

- Combien d'œufs par poule ?
- Combien d'œufs mis à couver ?

• Combien de poulets élevés par ponte ?
• Les œufs sont-ils consommés ? Vendus ? À quel prix ?

Autres produits

• Y a-t-il production de laine ? Combien de tontes par an ? Quantité de laine et prix ?
• Cuir ? Peaux ? Plumes ?
• Déjections animales ? Litières (à mettre en relation avec les systèmes de culture) ?

Travail des animaux

• Quel est le travail fourni par les animaux sur l'exploitation ? Quelles tâches ? Quelle fréquence ? Ce service est-il vendu à d'autres exploitants (location de paires de bœufs) ?

4. L'abreuvement et l'alimentation des animaux

L'abreuvement

• Quelles sont les sources d'abreuvement et leur mode d'accès – rivière, lac, barrage, forage, abreuvement au parc ? Déplacement du troupeau ou apport d'eau aux animaux ? Qui s'en occupe (les enfants...) ? Combien de temps cela prend-il ?

L'alimentation

• Identifier au fil de l'année tous les espaces exploités pour l'alimentation du troupeau : prairies naturelles et temporaires, parcours, bords de chemin, champ de case, champs de céréales récoltés, haies, cultures fourragères ou autre.
• Les localiser dans l'écosystème (zonage agro-écologique) et en relever les caractéristiques biophysiques et botaniques (composition et évolution de la flore utile pour les animaux au cours de l'année).
• En déterminer le mode d'exploitation, en distinguant les différents ateliers ; pâture (période, durée, fréquence), production (recueillir toutes les caractéristiques d'un système de culture), stockage et distribution des fourrages, ramassage, cueillette.
• Relever les temps de travail correspondant à toutes ces opérations et la répartition du travail.
• Connaître le mode d'accès (propriété, location, droit d'usage) aux différents espaces et, si possible, en évaluer la surface.
• Prairies naturelles et temporaires : quelle en est la flore ? Sont-elles pâturées par les animaux ? À quelle fréquence ? Durée ? Quels animaux ? Sont-elles fauchées ? Sont-elles fertilisées ? Avec quoi ? Quand ? Temps de travail ? Coupe des refus ? Entretien des clôtures ? Arbres présents ? Exploités ?

• L'éleveur doit-il acheter des fourrages ou des compléments ? Utilise-t-il des résidus de culture, des sous-produits domestiques et agro-industriels ou autres ? Décrire les quantités, les périodes, les animaux bénéficiaires, le temps de travail.

• Qui garde les animaux ? Y a-t-il embauche de main-d'œuvre supplémentaire ? L'éleveur a-t-il investi dans des clôtures ? Quel est le temps de travail nécessaire à leur entretien ?

4. La santé des animaux

• Y a-t-il des problèmes ou des « risques » sanitaires ? De quelle nature ?

• Comment l'éleveur prend-il en charge les animaux malades (quels traitements curatifs assure-t-il) ?

• Fait-il des traitements préventifs selon un calendrier saisonnier ? Vaccine-t-il ses animaux ?

5. Le logement des animaux

• Les animaux sont-ils parqués ?

• Ont-ils un enclos pour la nuit ou un enclos saisonnier ?

• L'éleveur a-t-il construit des bâtiments pour les bêtes, de quel type ?

• L'éleveur dispose-t-il de bâtiments de stockage pour le fourrage, la paille ?

• Les bâtiments permettent-ils de faciliter ou d'accroître la productivité de certaines tâches ? Lesquelles ?

6. Le calendrier de travail pour la conduite de l'élevage

• Combien de personnes sont-elles nécessaires, pour quelles tâches ?

• À quel moment de l'année ?

• Combien de temps durent les opérations ?

7. Les limites du système

Quelles sont les contraintes à lever pour que l'éleveur puisse développer son élevage ?

• Ressources fourragères insuffisantes, limite de marché ?

• Manque de logement des animaux ? Manque de magasin de stockage pour les fourrages ?

• Saturation en temps de travail pour une opération donnée ? Laquelle (traite, abreuvement) ?

• Pression sociale (dégâts aux cultures) ? Risques sanitaires ? Difficultés de trésorerie ?

▌ La reconstitution de la cohérence interne du système d'élevage

Il s'agit maintenant de commencer à établir des liens de cohérence entre les choix opérés par les éleveurs pour la reproduction, l'alimentation, les soins, l'exploitation, la valorisation. Pour ce faire, une démarche opérationnelle consiste à mettre en parallèle différents calendriers : le calendrier fourrager, le calendrier des opérations d'élevage et le calendrier des pratiques de production et de gestion des ressources fourragères.

Le calendrier des opérations d'élevage situe dans le temps les opérations menées pour l'alimentation, la reproduction, l'exploitation, l'hébergement, l'hygiène et les soins de santé ainsi que l'entretien des infrastructures d'élevage : apports de fourrages, gardiennage, traite, aide à la mise bas, alimentation des veaux, abreuvement, vaccination, déparasitage, nettoyage, paillage, entretien de bâtiments et de clôtures. Ce calendrier donne également le temps de travail exigé par chaque opération et la répartition du travail.

De même, le calendrier des pratiques de production et de gestion des ressources fourragères permet d'ordonner dans le temps les pratiques d'entretien des parcours, les opérations culturales, de récolte, de transformation et de stockage des cultures fourragères, l'entretien des clôtures, le ramassage des fourrages aériens spontanés, etc.

Mis en parallèle, ces calendriers permettent de déceler les liens existant entre les périodes d'abondance de ressources ou les périodes de pénurie et les pratiques des éleveurs destinées à surmonter ces difficultés. Soit les éleveurs augmentent les disponibilités de fourrages (pratiques particulières de gestion des parcours, achat, ramassage de résidus de récolte, de feuilles, etc.), soit ils diminuent les besoins (décisions de vente d'animaux, choix d'espèces et de races, mise à la reproduction des femelles ou sevrage des jeunes). Cette démarche permet également de rendre compte de l'organisation du travail des agriculteurs, en montrant les complémentarités dans le temps ou les concurrences entre les différentes opérations de conduite du troupeau, d'exploitation et d'alimentation.

Outre l'alimentation des animaux, d'autres facteurs peuvent être pris en compte pour analyser la complémentarité entre systèmes de cultures fourragères et systèmes d'élevage, notamment le mode de reproduction de la fertilité des terres. Ce type d'analyse sera mené ensuite à l'échelle de l'exploitation prise dans sa globalité, en prenant en compte tous les systèmes de culture et d'élevage d'une même exploitation (voir le chapitre 6). Une caractérisation ainsi menée peut permettre de cerner tous les éléments susceptibles d'expliquer le niveau de productivité des troupeaux. Afin de pouvoir comparer cette activité d'élevage avec d'autres activités (d'élevage, de culture ou non agricoles), il nous faut maintenant en faire l'évaluation économique.

Estimer les performances économiques des systèmes d'élevage

L'estimation des performances annuelles d'une activité d'élevage est une opération difficile, en raison :

– du caractère « pluriannuel » de nombreuses activités d'élevage : un petit né dans l'année n sera vendu ou consommé dans l'année n + 1, ou plus ;

– de la constitution de stocks sur pied – ce que fait la majorité des éleveurs. L'élevage constitue une trésorerie et une épargne vivante dont le rythme de mobilisation est souvent irrégulier.

Pour avoir une idée de la création de richesse annuelle créée par un élevage, nous proposons d'estimer l'accroissement annuel de la valeur du troupeau à partir des performances zootechniques.

L'évaluation doit se baser sur les niveaux de productivité établis lors de l'étape précédente de caractérisation du fonctionnement du troupeau. Il est conseillé, dans le cas d'élevages naisseurs, de se fonder sur les quantités produites par mère et par an, pour ensuite multiplier ces chiffres par le nombre de reproductrices que compte le troupeau. Ce procédé permettra plus facilement de comparer les résultats des systèmes d'élevage.

▌▶ Le produit brut

Le produit brut (PB) est égal à la somme des valeurs de tous les produits finaux (on ne prend donc pas en compte le renouvellement) issus annuellement du troupeau : jeunes, mères réformées, lait, œufs, fumier, laine et services (de traction, de transport, de saillie), sans oublier les animaux de réforme. Comme pour les cultures, on veillera à prendre en compte tous les produits, qu'ils soient vendus, donnés, sacrifiés ou autoconsommés. Il existe deux façons d'opérer pour estimer, sur

la base d'entretiens, les quantités produites annuellement. On peut recueillir ces quantités pour une année donnée, en demandant à l'éleveur de se remémorer tous les produits tirés du troupeau, les quantités, etc. En général, cela n'est possible que pour l'année précédente, sauf si l'éleveur tient un registre. Or il est fort possible que cette année soit particulière. Une autre façon de procéder, que nous avons tendance à privilégier, est de se baser sur la compréhension que nous avons acquise des pratiques de l'éleveur et des performances zootechniques du troupeau. À partir des différents taux de productivité établis avec l'éleveur et des autres informations que nous avons sur la gestion de la reproduction de son troupeau et de son exploitation, il est possible d'approcher ce produit brut. Prenons l'exemple d'une vache. À la valeur des veaux produits ramenés à l'année s'ajoute la valeur du lait obtenu dans l'année grâce à la traite, la valeur de la vache en fin de vie (réforme) divisée par la durée de sa carrière ainsi que, éventuellement, la valeur du fumier vendu.

La figure 9 (planche 8, cahier hors-texte) montre comment on peut calculer ce produit brut, sur la base des différents taux de productivité du troupeau et des pratiques d'exploitation du troupeau.

En toute rigueur, les animaux reproducteurs pourraient être considérés comme du capital et leurs coûts d'acquisition (quand ils ne sont pas nés sur la ferme) comme devant être décomptés sous forme d'amortissement. La valeur des animaux réformés viendrait diminuer le montant de ces coûts, de la même façon qu'un agriculteur achète du matériel et peut le revendre d'occasion. Cependant, à la différence d'un outil qui se déprécie à l'usage, un animal reproducteur peut prendre de la valeur grâce au travail de l'éleveur. Pour cette raison, et afin de simplifier les calculs, on considérera la vente des animaux de réforme comme un produit brut et l'achat des animaux comme des consommations intermédiaires. Cependant, on prendra bien sûr la précaution de diviser la valeur d'acquisition de ces animaux par le nombre d'années de présence sur l'exploitation.

Les consommations intermédiaires

Les consommations intermédiaires comprennent :
   les coûts annuels d'achat d'aliments non produits sur l'exploitation, ainsi que les coûts spécifiques d'achat d'intrants pour la production de fourrages ;
– les coûts des produits et soins vétérinaires ;

– les coûts liés à la reproduction, comme les saillies, ou au renouvellement du troupeau ;
– les coûts annuels d'acquisition des animaux pour l'engraissement ;
– les autres produits achetés pour l'entretien des logements, des équipements ou autres.

Dans le cas où les agriculteurs produisent leurs fourrages, il est possible qu'ils doivent acheter des consommations intermédiaires pour mettre en herbe les prairies et pour les entretenir, pour récolter ou pour stocker les fourrages. Nous prendrons alors en compte ces consommations intermédiaires. Mais le fourrage produit par les cultures étant entièrement consommé par les animaux, ce produit du système de culture fourrager constitue une consommation intermédiaire pour le système d'élevage : il s'agit d'une intraconsommation. Dans cette étude il n'est donc pas nécessaire de chercher à estimer la valeur économique du fourrage produit. En revanche, si un excédent de fourrage est vendu chaque année, il sera considéré comme un sous-produit du système d'élevage et sa valeur devra être prise en compte dans le calcul du produit brut.

Toujours dans un souci de comparaison, ces consommations intermédiaires peuvent être ramenées à l'animal engraissé ou à la mère.

La valeur ajoutée et la productivité des systèmes d'élevage

La valeur ajoutée brute par animal et par an

La valeur ajoutée brute (VAB) par animal et par an a la même signification que la VAB pour les systèmes de culture. On la calculera par mère dans le cas des élevages ayant des reproductrices et par animal engraissé pour les élevages seulement engraisseurs. Dans le cas de systèmes d'élevage intégrés dans le système de production, dont les produits ou services constituent une intraconsommation (animaux de trait ou de transport), il n'est ni utile ni pertinent de calculer cette VAB.

Lorsque l'éleveur n'est pas le propriétaire des animaux, il doit reverser au propriétaire une partie des produits, c'est-à-dire de la richesse créée. S'agissant de redistribution de cette valeur ajoutée, ces coûts liés au confiage ne sont pas pris en compte lors du calcul de la VAB par animal. Ils seront retirés ultérieurement, lors du calcul du revenu.

La valeur ajoutée brute par unité de surface

Lorsque l'exploitation comprend des surfaces fourragères, la valeur ajoutée brute par unité de surface (VAB/ha) peut être un indicateur de comparaison pertinent pour les exploitations d'une même région. Cet indicateur exprime la productivité de la terre pour un système d'élevage donné. On peut à juste titre comparer la productivité de la terre de cultures de rente ou vivrières avec celle d'un troupeau. Cependant, les systèmes d'élevage pastoraux, ou fondés sur l'usage de parcours au moins sur une partie de l'année, sont nombreux en zone sahélienne et soudano-sahélienne. Pour ceux-là l'outil de comparaison pertinent reste la VAB par mère ou par unité de temps de travail.

La valeur ajoutée brute par unité de temps de travail

Sur la base des calendriers établis lors de la caractérisation technique du système d'élevage, il est possible d'évaluer le temps de travail que les agriculteurs consacrent à la conduite de leurs troupeaux ainsi qu'à l'entretien et à l'exploitation des espaces destinés à l'alimentation des animaux. Cela permet de calculer la productivité du travail d'un système d'élevage donné. La productivité du travail peut être à la base de la comparaison entre les systèmes de culture (différents des systèmes fourragers) et les systèmes d'élevage.

Le nombre de têtes maximal par actif

Pour évaluer avec les éleveurs cette limite technique supérieure de développement d'un système d'élevage donné, il faut faire la distinction entre :

– d'une part, les contraintes purement techniques renvoyant à une saturation du calendrier de travail à un moment donné, pour une opération donnée. Par exemple, la traite limite le nombre de vaches qu'un éleveur peut conduire seul ou avec sa famille en système de traite manuelle. Cette contrainte ne pourra être levée qu'en passant à un équipement différent, donc en changeant de système. C'est ce nombre maximal de têtes de bétail dont un éleveur peut se charger, déduit du calendrier de travail sur l'exploitation, que nous désignerons par « limite technique ». Elle est propre à chaque système d'élevage ;

– d'autre part, les contraintes liées aux conditions d'accès aux ressources foncières (les surfaces fourragères suffisent-elles ?) ou financières (des bâtiments sont-ils trop petits ? L'éleveur souffre-t-il d'un manque de trésorerie pour acheter des aliments ?).

6. Comprendre le fonctionnement des systèmes de production et les évaluer

« Le tout étant plus que la somme des parties » (Morin, 1997), l'analyse technico-économique des systèmes de culture et d'élevage, bien que nécessaire, se révèle insuffisante pour expliquer les choix techniques et économiques des agriculteurs et des éleveurs.

Qu'est-ce qui, par exemple, pousse certains agriculteurs, à un moment donné de l'année, à allouer préférentiellement leur main-d'œuvre à la récolte de telle culture plutôt qu'à l'implantation de telle autre ? Quelles priorités les agriculteurs se donnent-ils ? Pourquoi conserver dans l'exploitation une culture qui apparemment ne procure pas une valeur ajoutée très élevée ? Quelle est la place que tient chacune des activités dans l'exploitation ?

Quels éléments les agriculteurs prennent-ils en compte? D'autres questions demeurent en suspens, concernant l'efficacité de leurs activités par rapport aux besoins des familles et aux autres opportunités offertes par les différents secteurs économiques. Quel est le devenir de ces exploitations ? Des évolutions sont-elles prévisibles ? C'est pour répondre à ce type de questionnement que nous mobiliserons le concept de système de production. Ce concept s'applique à l'échelle de l'unité de production et est défini comme la combinaison des facteurs de production (terre, travail et capital) en vue d'obtenir diverses productions.

Le concept de système de production

Nous avons, dans les étapes précédentes, montré une grande diversité de systèmes de culture et d'élevage. Cependant, la majorité des exploitations ne limitent pas leurs activités à un seul système de culture ou d'élevage, mais en combinent plusieurs.

Les systèmes de culture et les systèmes d'élevage constituent donc les composantes d'ensembles plus vastes et plus complexes, repérables à l'échelle de l'exploitation : les systèmes de production. Un système de production correspond à une association spécifique de systèmes de culture et d'élevage, mise en œuvre par les agriculteurs en fonction des parcelles disponibles et de leur localisation, des équipements utilisés (outils, moyens de transports, bâtiments d'élevage ou de stockage, etc.), de la force de travail familiale ou mobilisable, des opportunités de crédit et de vente sur les marchés, etc. Nous proposons de retenir la définition suivante : un système de production est un « [...] mode de combinaison entre terre, force et moyens de travail à des fins de production végétale et animale, commun à un ensemble d'exploitations. Un système de production est caractérisé par la nature des productions, de la force de travail (qualification), des moyens de travail mis en œuvre et par leurs proportions. » (Reboul, 1976)

En résumé, dans notre étude nous considérerons qu'un système de production est une façon de combiner les facteurs de production commune à un groupe d'exploitants.

L'analyse d'un système de production consiste à :
– étudier non seulement chacun des sous-systèmes qui le composent, mais surtout leurs interactions et leurs interférences ;
– comprendre les choix d'allocation des ressources, c'est-à-dire les facteurs de production de l'exploitation, entre les différentes activités (systèmes de culture et d'élevage) pratiquées.

La figure 10 représente de façon schématique ces éléments structurant l'analyse d'un système de production.

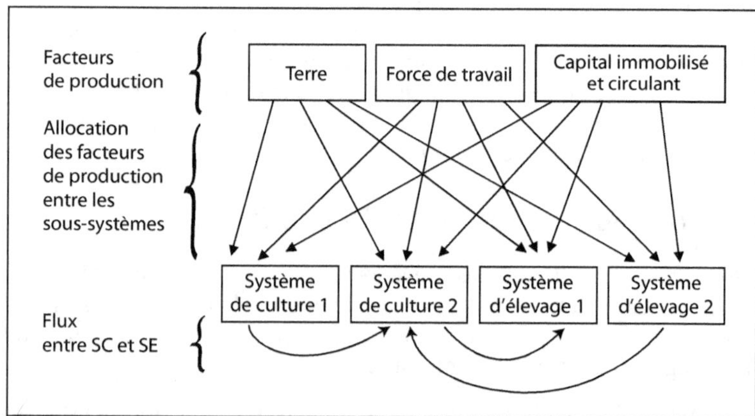

Figure 10. Le système de production : une combinaison de facteurs et des interactions entre les activités.

Identifier les différents systèmes de production

Un système de production étant considéré comme une façon de produire, de combiner les facteurs de production, il en découle qu'un système de production donné sera mis en œuvre par un ensemble d'exploitations ayant accès aux mêmes types de ressources, dans des proportions équivalentes. *A priori*, il pourrait exister un très grand nombre de combinaisons possibles. Mais force est de reconnaître qu'en un lieu donné, compte tenu des caractéristiques propres à chaque système de culture et d'élevage et des facteurs de production dont disposent les exploitations, ce nombre de combinaisons est en réalité relativement limité.

En effet, les activités de production végétale et animale peuvent présenter des complémentarités vis-à-vis de certaines ressources et être concurrentes pour d'autres, qu'il s'agisse du travail exigé à telle ou telle période de l'année, des besoins de trésorerie, des types de terrains requis. Par ailleurs, elles sont parfois liées par des flux de matière ou d'énergie, par exemple quand les produits ou sous-produits de l'une constituent une ressource pour l'autre.

De plus, les agriculteurs n'ont pas tous les mêmes possibilités d'accès aux mêmes facteurs de production :
– les disponibilités de terre (quantité, qualité et localisation dans les différentes parties de l'écosystème) ne sont pas les mêmes pour tous ;
– la force de travail mobilisable (qu'elle soit familiale ou extérieure à l'exploitation) varie d'une exploitation à l'autre ;
– enfin, l'accès au capital de production (outils, intrants, liquidités) diffère aussi selon les unités de production.

Ces éléments propres aux structures des exploitations limitent d'autant plus le nombre de combinaisons possibles de systèmes de culture et de systèmes d'élevage.

Les enquêtes historiques réalisées antérieurement seront d'une grande utilité pour repérer les principaux systèmes de production pratiqués aujourd'hui dans la région. La dynamique de peuplement et l'origine des producteurs, l'arrivée de nouveaux migrants, les vagues de mise en valeur de nouvelles terres ainsi que l'histoire des mouvements fonciers et des rapports de production permettent de distinguer des catégories d'agriculteurs en fonction de l'accès qu'ils ont à la terre, en quantité et en qualité. La connaissance des différentes phases de développement des productions végétales et animales, des dates et circonstances de l'apparition et surtout de la généralisation de nouvelles variétés, de nouvelles races, de nouveaux outils et de nouvelles technologies aide également à identifier différentes catégories de producteurs en fonction de leur dotation en capital. On se base ici sur l'hypothèse qu'aucun progrès technique n'est neutre et qu'il s'accompagne en tout temps et en tout lieu d'une différenciation entre ceux qui « adoptent » la nouveauté et ceux qui en sont exclus. On le voit, l'histoire aide à repérer et à expliquer les différentes situations rencontrées par les familles d'agriculteurs. Elle facilite ainsi l'identification des systèmes de production actuels.

Une typologie provisoire des exploitations en fonction des ressources dont elles disposent et des systèmes de production qu'elles pratiquent peut donc être établie à l'issue des enquêtes historiques.

La figure 11 montre comment une prétypologie dynamique des systèmes de production peut être construite lors de l'étape historique, à partir de la reconstitution des trajectoires des exploitations.

Cette prétypologie permettra de construire l'échantillon d'exploitations auprès duquel l'enquête de caractérisation des systèmes de production sera menée : les exploitations enquêtées seront choisies de façon « raisonnée », de telle sorte que l'ensemble des systèmes de production identifiés soit couvert. Cette classification provisoire sera validée, réorientée et affinée au cours des enquêtes qui suivront.

Caractériser les différents systèmes de production

La caractérisation technique et économique des systèmes consiste à effectuer à la fois :
– la description précise des structures d'exploitation, c'est-à-dire des facteurs de production nécessaires pour mettre en œuvre le système d'activité agricole étudié ;
– la description et l'analyse du fonctionnement de ces exploitations, c'est-à-dire des différents sous-systèmes de culture et d'élevage et de leur combinaison ;
– l'évaluation des performances économiques de ces combinaisons.

⏵ Répertorier les facteurs de production

La force de travail

Vu notre champ d'étude, la force de travail dans les exploitations est avant tout familiale. Toutefois, les agriculteurs peuvent avoir recours, de façon plus ou moins occasionnelle, à une main-d'œuvre extérieure à la famille.

La main-d'œuvre familiale

Il nous faut connaître le nombre de membres de la famille, nucléaire ou élargie, qui sont mobilisés et nécessaires pour mettre en œuvre le système de production. Il s'agit de les répertorier (père, mère, enfants selon l'âge, grands-parents, neveux et autres) et de connaître leur disponibilité pour travailler sur les exploitations, au regard des autres obligations telles qu'études, tâches ménagères, et autres activités professionnelles.

Il est important également de connaître la répartition des tâches agricoles entre les actifs : à quelles périodes de l'année le père, la mère, les grands-parents, les enfants, en fonction de leur âge et de leur sexe, travaillent-ils sur l'exploitation, et pour quelles tâches ?

On cherchera à identifier dans la famille les membres dont la présence physique est absolument nécessaire au fonctionnement de l'exploitation. De combien de personnes a-t-on besoin simultanément pour mettre en œuvre la combinaison d'activités qui caractérise le système de production étudié ? Chacun de ces individus compte pour un actif.

La force de travail extérieure à la famille

On recense ici le nombre et la qualité des personnes auxquelles il est fait appel dans :
– l'entraide (dès lors qu'il y a réciprocité parfaite des échanges de main-d'œuvre). Cependant, au moment de décompter les temps de travaux, la main-d'œuvre fournie par l'entraide sera comptabilisée comme de la main-d'œuvre familiale, puisque l'agriculteur consacre autant de journées à ses coéquipiers à d'autres moments de l'année. L'usage de l'entraide est en réalité une façon de lisser, d'étaler les pointes de travail sans avoir recours à du salariat ;
    les rapports salariés (attention, le salaire peut être versé en nature) ;
– d'autres rapports de production, tels que le colonat (échange de travail contre de la terre) ou l'échange de force de travail contre de l'eau, du matériel ou une paire de bœufs ;
– l'accueil de stagiaires, ou autre.

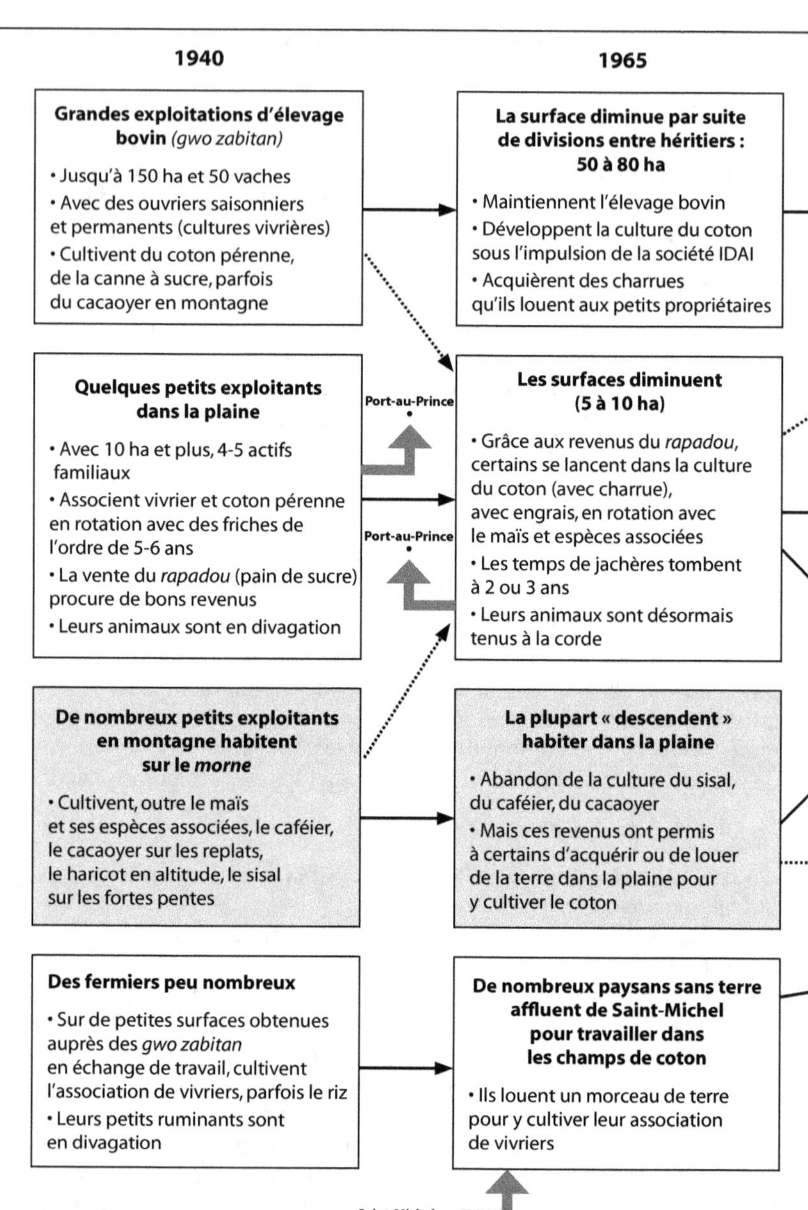

Figure 11. Trajectoires et typologie des systèmes de production à Lakou Cadichon.

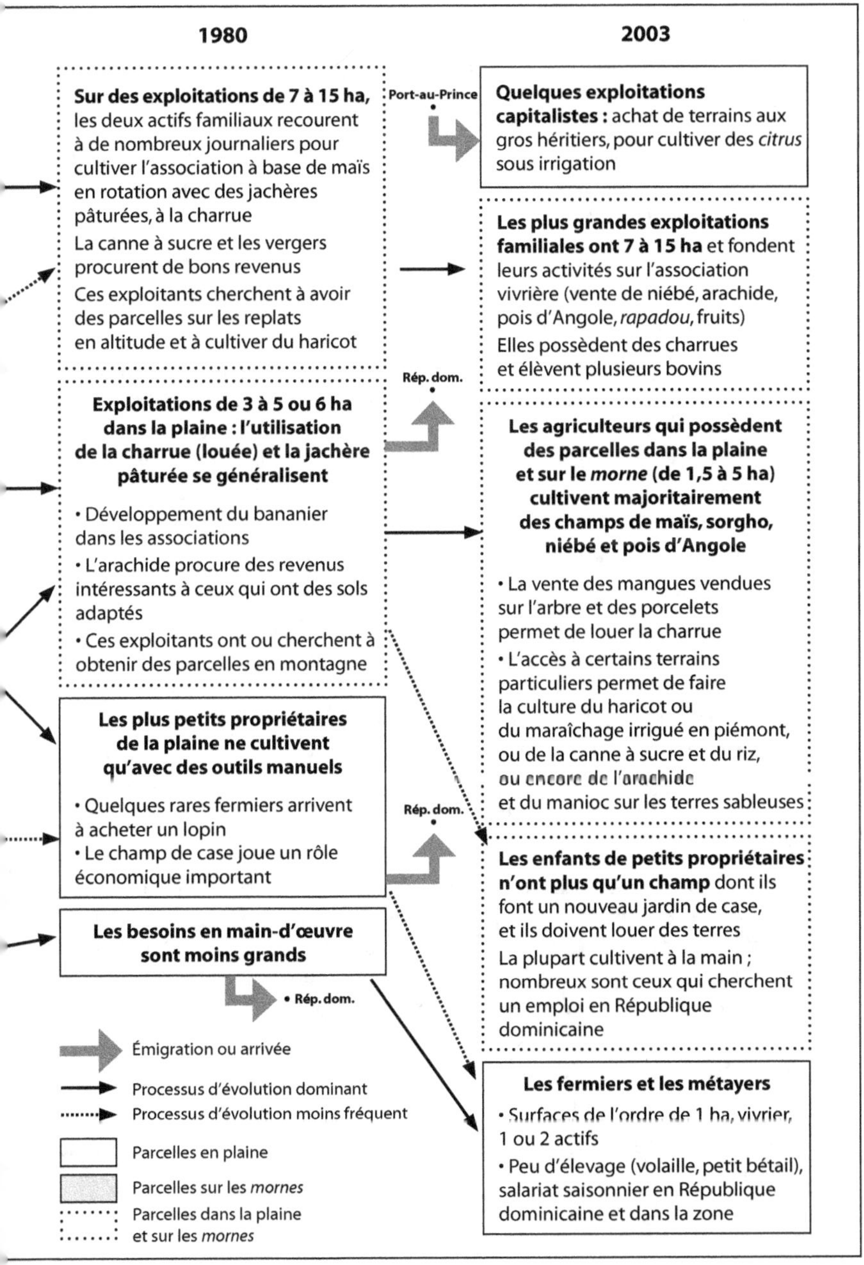

1980	2003

Sur des exploitations de 7 à 15 ha, les deux actifs familiaux recourent à de nombreux journaliers pour cultiver l'association à base de maïs en rotation avec des jachères pâturées, à la charrue

La canne à sucre et les vergers procurent de bons revenus

Ces exploitants cherchent à avoir des parcelles sur les replats en altitude et à cultiver du haricot

Port-au-Prince

Quelques exploitations capitalistes : achat de terrains aux gros héritiers, pour cultiver des *citrus* sous irrigation

Les plus grandes exploitations familiales ont 7 à 15 ha et fondent leurs activités sur l'association vivrière (vente de niébé, arachide, pois d'Angole, *rapadou*, fruits)

Elles possèdent des charrues et élèvent plusieurs bovins

Rép. dom.

Exploitations de 3 à 5 ou 6 ha dans la plaine : l'utilisation de la charrue (louée) et la jachère pâturée se généralisent

• Développement du bananier dans les associations

• L'arachide procure des revenus intéressants à ceux qui ont des sols adaptés

• Ces exploitants ont ou cherchent à obtenir des parcelles en montagne

Les agriculteurs qui possèdent des parcelles dans la plaine et sur le *morne* (de 1,5 à 5 ha) cultivent majoritairement des champs de maïs, sorgho, niébé et pois d'Angole

• La vente des mangues vendues sur l'arbre et des porcelets permet de louer la charrue

• L'accès à certains terrains particuliers permet de faire la culture du haricot ou du maraîchage irrigué en piémont, ou de la canne à sucre et du riz, ou encore de l'arachide et du manioc sur les terres sableuses

Rép. dom.

Les plus petits propriétaires de la plaine ne cultivent qu'avec des outils manuels

• Quelques rares fermiers arrivent à acheter un lopin

• Le champ de case joue un rôle économique important

Les enfants de petits propriétaires n'ont plus qu'un champ dont ils font un nouveau jardin de case, et ils doivent louer des terres

La plupart cultivent à la main ; nombreux sont ceux qui cherchent un emploi en République dominicaine

Les besoins en main-d'œuvre sont moins grands

• Rép. dom.

Les fermiers et les métayers

• Surfaces de l'ordre de 1 ha, vivrier, 1 ou 2 actifs

• Peu d'élevage (volaille, petit bétail), salariat saisonnier en République dominicaine et dans la zone

Émigration ou arrivée

Processus d'évolution dominant

Processus d'évolution moins fréquent

Parcelles en plaine

Parcelles sur les *mornes*

Parcelles dans la plaine et sur les *mornes*

La terre

L'inventaire des terres disponibles doit s'appuyer sur les résultats de la première étape, c'est-à-dire sur la caractérisation des différentes unités de l'écosystème exploité. On s'intéresse à tous les types de terrains utilisés pour le système de production étudié, y compris les bords de route, les parcours collectifs, les parcours de transhumance, les parcelles éloignées et celles qui ne sont pas cultivées actuellement mais qui l'ont été ou ont des chances de l'être.

Quelles sont les quantités de terres utilisées ? Dans quelles zones agro-écologiques sont-elles situées ?

Quelle est la qualité de ces terres ? Quelle est la nature du sol ? Quelles sont sa profondeur, sa structure, sa texture, sa charge en pierres, la matière organique présente, sa capacité à retenir l'eau, à s'engorger ou, au contraire, à se dessécher ? Quelle est la pente ? On cherche à connaître les contraintes et les atouts de ces terrains vis-à-vis du travail du sol : temps et pénibilité du travail requis, possibilités de mécanisation.

Quels sont les aménagements (clôtures, drainage, irrigation et autre) présents dans chacun de ces terrains ? Les parcelles sont-elles complantées d'arbres ? Lesquels, combien et pour quel usage ? Quelle est la configuration des parcelles ? Comment sont-elles réparties dans l'espace (plan parcellaire) ? Quelle est leur dispersion ? Leur distance par rapport au siège d'exploitation ? Leur position topographique leur permet-elle de bénéficier d'apports de colluvions, d'alluvions, d'éléments fertilisants ? Ou, au contraire, sont-elles soumises à une forme d'érosion ?

Quelles sont les modalités d'accès à ces terres (faire-valoir) ? Cet accès est-il sécurisé ? Quel en est le coût ? Loyer (fermage), part de la récolte (métayage) ou échange contre du travail ? Les règles d'accès aux ressources sont-elles les mêmes selon qu'il s'agisse de la terre, de l'eau ou des arbres présents sur un même espace ?

Les outils et les équipements

Nous regroupons ici l'ensemble des outils et des équipements nécessaires pour mener à bien les différentes activités du système de production :
– le petit outillage manuel tel que houes de différents types, machette, hache, couteau, faucille, serpette, pelle ou râteau ;

– le matériel de transport : manuel (panier, hotte, brouette, sac), attelé ou motorisé, les vélos… ;
– les équipements de séchage, de transformation et de stockage des récoltes : nattes, aires et claies de séchage, mortier, moulin, batteuse décortiqueuse, grenier, fût métallique, sacs, magasin.

Là encore il nous faut connaître la nature de ces outils et équipements, les dénombrer en fonction du nombre d'actifs et de la surface exploitée, les caractériser (qualité, puissance) et en connaître les modalités et coûts d'accès.

Parfois l'indisponibilité des équipements peut poser problème à certaines périodes : l'unique paire de bœufs et la charrue seraient nécessaires sur deux parcelles différentes où deux cultures différentes sont à mettre en place. Comment les priorités seront-elles établies ?

Identifier et caractériser les sous-systèmes, décrire et comprendre leurs interactions

La démarche de caractérisation des systèmes de culture et d'élevage a été détaillée dans les chapitres 4 et 5. Une dimension fondamentale de l'étude d'un système de production est la description et l'analyse des interactions entre les différents systèmes de culture et d'élevage, puis des interactions entre ces sous-systèmes et les autres activités économiques éventuellement menées dans la sphère du ménage. L'objet de cette partie est de présenter les principaux outils intégrateurs qui permettront de rendre compte de ces interactions et d'avancer des explications sur les choix des agriculteurs. Ces outils sont les suivants :
– le calendrier de travail ;
– le calendrier de trésorerie ;
– le diagramme des flux de matière et d'énergie entre les systèmes de culture et d'élevage ;
– le schéma de gestion de la fertilité.

Le calendrier de travail

Ce calendrier permet de situer tout au long de l'année l'ensemble des tâches requises pour la mise en œuvre du système de production. Il permet d'évaluer les charges de travail correspondantes, en homme-jour, et leur intensité. Certaines tâches doivent être effectuées dans une fenêtre de temps restreinte (semis, certaines récoltes) et d'autres peuvent être étalées sur une période plus longue (préparation du sol, réparation de clôtures). Certaines, comme la traite et le déplacement des animaux, sont quotidiennes, d'autres très ponctuelles.

La construction d'un calendrier de travail consiste à positionner en colonnes les mois de l'année et si possible les semaines ou les décades. Le temps de travail de chacune des opérations menées, mesuré en homme-jour, est reporté de façon cumulative dans les périodes correspondantes ; ces périodes se superposent quand différentes tâches sont menées simultanément. Les opérations relatives à un même sous-système de culture ou d'élevage sont signalées par une couleur ou un symbole spécifique. Le type de main-d'œuvre qui les réalise (homme, femme, enfant, groupe d'entraide, salarié, ouvrier temporaire, etc.) est également repéré par une légende. La figure 12 donne un exemple de calendrier de travail.

La lecture de ce calendrier permet de mettre en évidence les complémentarités entre les calendriers des différentes activités agricoles et d'élevage. La mise en œuvre d'activités complémentaires permet d'atténuer les pics de travail, d'étaler les temps de travail et,

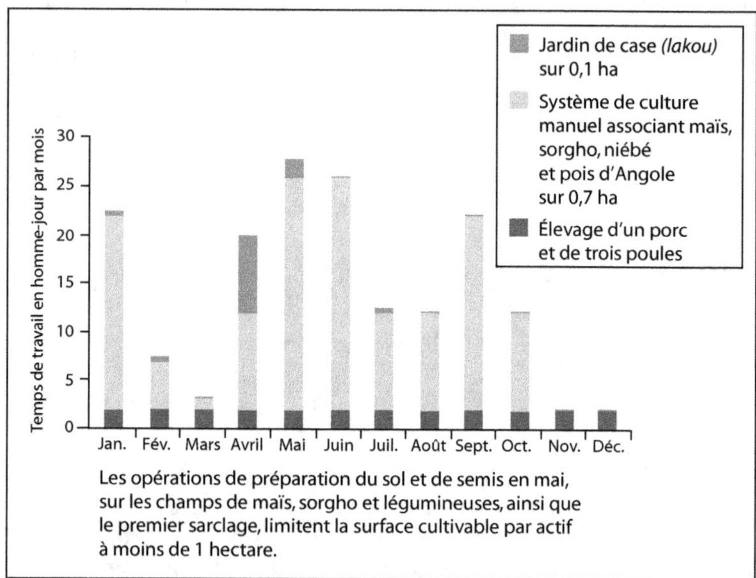

Figure 12. Exemple d'un calendrier de travail. Calendrier de travail d'un fermier, propriétaire uniquement de son jardin de case.

par un système de péréquation, d'augmenter globalement la surface totale exploitée par les actifs engagés dans le processus de production, même si cela ne correspond pas au maximum réalisable pour chacun des sous-systèmes pris isolément.

Le calendrier de travail permet également de percevoir les périodes difficiles de pointes de travail et les périodes de relative disponibilité de la main-d'œuvre. Il peut être un support très productif de dialogue entre agriculteurs et entre agent et agriculteurs.

Le calendrier de trésorerie

Le calendrier de trésorerie permet de visualiser tout au long de l'année l'évolution des disponibilités monétaires, d'en situer l'origine et la destination. Les flux peuvent se faire :
– entre sous-systèmes (de culture et d'élevage) au sein du système de production, par exemple lorsque les recettes d'une culture servent à financer les consommations intermédiaires d'une autre activité ;
– entre le système de production agricole et les autres activités économiques, non agricoles ;
– entre la sphère productive et celle de la consommation (le ménage).

La démarche de construction est proche de celle du calendrier de travail. La différence est que l'on rajoute des lignes correspondant à la sphère du ménage et des autres activités économiques, et que l'on construit un graphe symétrique par rapport à l'axe des abscisses (celui du temps), pour pouvoir mieux distinguer les flux relatifs à des recettes ou à des rentrées en nature des flux relatifs aux sorties. Une suggestion de support pour l'élaboration d'un calendrier de trésorerie est donnée dans la figure 13.

Ce calendrier permet bien sûr de situer les moments de grands besoins de trésorerie et les périodes de recettes. Il devient ainsi possible de comprendre le choix de certaines cultures qui, de prime abord, n'apparaissent pas des plus rentables, mais qui sont en réalité guidées par le souci de disposer, à un moment précis, d'une trésorerie pour une autre activité. Le moindre produit brut concédé au niveau de l'activité A est compensé par le gain réalisé en s'affranchissant d'emprunts coûteux pour l'activité B.

La construction de ces calendriers est particulièrement pertinente et éclairante dans les situations, très fréquentes, où les exploitants n'ont pas accès à une offre de crédit de campagne ou à la consommation

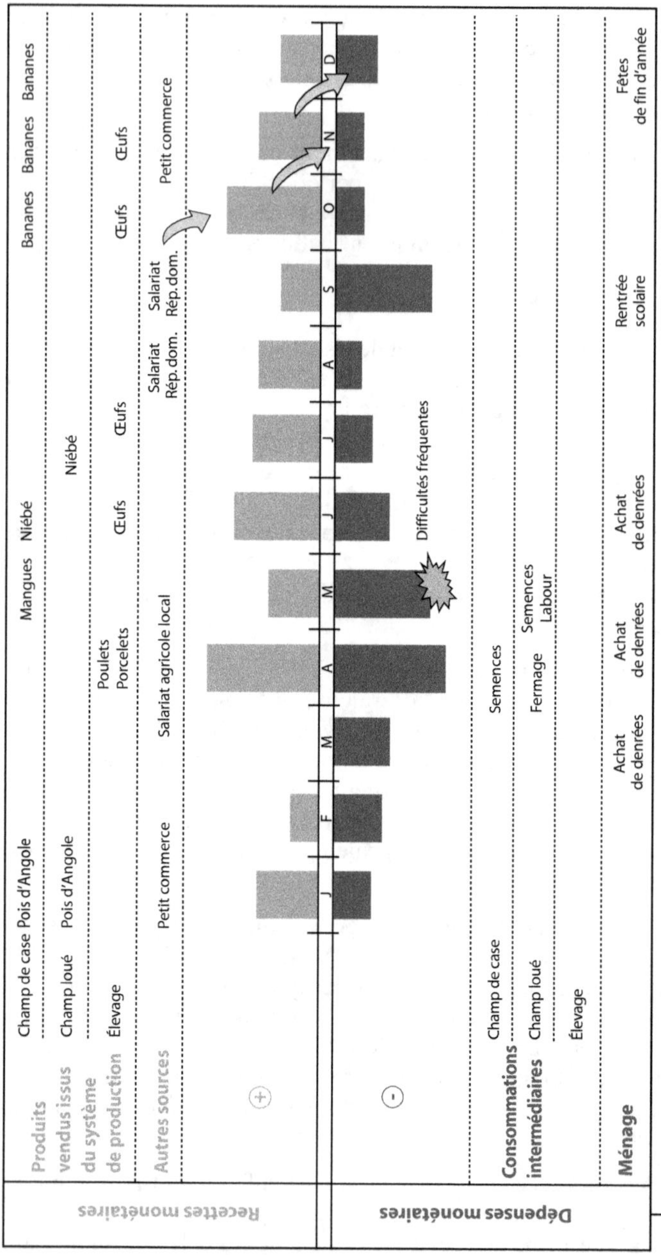

Figure 13. Calendrier de trésorerie type d'un fermier à Lakou Cadichon.

adaptée et où ils doivent avant tout gérer eux-mêmes au mieux leur fonds de roulement.

Le diagramme des flux de matière et d'énergie entre les systèmes de culture et d'élevage

Au-delà des flux monétaires, il existe fréquemment des transferts d'énergie (animale) et de matière (pailles, fourrages, bois, feuilles, tiges pour la construction de clôtures, sous-produits, fumier, compost, poudrette ou autre). Ces transferts permettent de comprendre la place de certains systèmes de culture et d'élevage dans le système de production, au-delà du simple produit brut dégagé au niveau de leur produit principal. On peut parfois quantifier ces flux et même leur donner une valeur monétaire lorsqu'il existe localement un marché de ces matières. Le diagramme consiste à représenter ces flux entre les différents sous-systèmes.

Le schéma de gestion de la fertilité du milieu

Mobilisant certaines des informations précédemment évoquées, le schéma de gestion de la fertilité du milieu exploité vise à rendre compte de l'ensemble des processus (transferts horizontaux et verticaux) qui permettent de restaurer la fertilité du milieu, à l'échelle des exploitations pratiquant un système de production donné. Cette restauration est plus moins complète et peut être inégale en fonction des unités de l'écosystème exploitées. Cet outil permet à la fois :
– de montrer des relations entre les sous-systèmes ;
– de décrire les processus fondamentaux sur lesquels est basée la reproduction de la fertilité et, en quelque sorte, les facteurs importants dont dépend la durabilité « écologique » du système en question.

Évaluer les performances économiques des systèmes de production

L'évaluation des performances économiques de chaque système de production contribue à éclairer leur fonctionnement. La comparaison de la valeur ajoutée brute par actif ou par journée de travail dans différents systèmes de culture et d'élevage permet d'ores et déjà de comprendre comment se font les choix d'affectation des ressources disponibles. La productivité du travail obtenue par les différents systèmes de production permet de comparer leur efficacité économique. Ensuite, la comparaison du revenu agricole avec un seuil minimum de survie, qui correspond aux besoins de consommation incompressibles d'une famille, ou la comparaison avec le salaire que l'on peut se procurer dans d'autres secteurs d'activité de la région permet de répondre aux questions sur l'évolution probable des différents systèmes de production. Mais comment en arriver là ?

▐▶ La valeur ajoutée nette et l'amortissement économique

Le produit brut total de l'exploitation (PB) correspond à la somme des produits bruts des différents systèmes de culture et d'élevage. Nous ne reviendrons pas ici sur les modalités de ces calculs.

Les consommations intermédiaires (CI) totales dépensées au sein de l'exploitation correspondent à l'ensemble des biens et services intégralement dégradés pendant un cycle de production sur l'ensemble des systèmes de culture et d'élevage. On obtient cette valeur en sommant toutes les CI spécifiques aux différents sous-systèmes et en y ajoutant les CI utilisées pour différents sous-systèmes (carburant par exemple).

La valeur ajoutée brute (VAB) du système de production est donc égale au PB total moins les CI. Elle permet de mesurer la création brute de richesse à l'échelle de l'exploitation.

La valeur ajoutée nette (VAN) est calculée en prenant également en compte, dans les charges du système de production, l'amortissement économique du capital fixe (outillage manuel, matériel de traction attelée, véhicules et machines, bâtiments spécifiques pour le matériel agricole, matériel de transformation des produits agricoles, aménagements) et du capital biologique (coût de la mise en place d'une plantation pérenne, notamment) nécessaires au fonctionnement du système.

$$\text{VAN} = \text{VAB} - \text{amortissement économique}$$

Cet amortissement économique représente l'usure des équipements au cours de chaque cycle de production et la part de la valeur ajoutée qu'il faut conserver pour assurer le remplacement du capital à l'identique. Un sac d'engrais disparaît avec le cycle de production et, de ce fait, nous l'avons comptabilisé comme consommation intermédiaire. Mais une houe par exemple, même si elle ne disparaît pas avec le cycle de production, ne s'en use pas moins et il convient de tenir compte du coût que représente cette usure et donc du remplacement de l'outil : c'est l'amortissement.

L'amortissement économique est calculé en divisant la valeur d'acquisition du matériel (hors inflation, c'est-à-dire pour une année de référence donnée qui sera la même pour tous les calculs) par le nombre d'années pendant lequel il est réellement utilisé avant d'être remplacé, soit sa durée de vie utile.

Amortissement = coût actuel d'acquisition à l'état initial/nombre total d'années d'utilisation

Il est donc nécessaire de connaître le prix d'achat des équipements. Cette donnée n'est pas aisée à évaluer, en particulier lors des enquêtes en exploitation, lorsque le matériel en question a été acquis il y a plusieurs années. Le prix que l'on obtient par enquête ne reflète qu'imparfaitement la valeur réelle actuelle du matériel, ne serait-ce qu'à cause de l'inflation. Il convient de s'enquérir du prix auquel un équipement devrait être acheté aujourd'hui dans le même état initial que celui auquel il a été acquis par l'agriculteur. En effet, certaines catégories d'exploitations s'équipent systématiquement de matériel neuf, alors que d'autres ont recours pour une bonne part de leur matériel à de l'occasion. Il peut être utile d'enquêter auprès des commerçants ou des forgerons pour connaître les prix du moment.

Pour l'amortissement du capital biologique (plantations pérennes), on procède de la même manière : on rapporte l'ensemble des coûts d'installation (préparation du sol, achat des plants, engrais, coûts d'entretien et salaires pour toute la phase pendant laquelle la plantation ne produit pas encore) à la durée de vie totale de la plantation, et non pas seulement à la période pendant laquelle elle produit. En effet, la plantation occupe le sol pendant toute cette durée. C'est pourquoi tant sa production moyenne annuelle que son amortissement annuel doivent être rapportés à sa durée totale de vie.

Afin de pouvoir comparer les différents systèmes de production, il est particulièrement intéressant de rapporter la valeur ajoutée nette à la surface nécessaire au fonctionnement du système de production et au nombre d'actifs mobilisés :

VAN/nombre d'actifs = productivité globale du travail sur l'exploitation agricole

VAN/surface agricole utile = création de richesse par unité de surface sur l'exploitation agricole

La VAN par actif mesure la richesse créée par personne travaillant sur l'exploitation. Ce rapport permet d'évaluer les performances technico-économiques d'un système de production, sans préjuger de la partie de cette richesse qui demeure entre les mains de l'exploitant et de sa famille.

Il faut bien distinguer les surfaces en propriété des surfaces réellement utiles pour le système de production considéré – la surface agricole utile. La différence peut être notable (forêt classée, parcelle trop pentue ou trop humide, non exploitée). La surface utile est parfois difficile à estimer, par exemple lorsque de petits exploitants utilisent les bords de route pour y laisser paître leurs animaux.

⏵ Le revenu agricole

La valeur ajoutée nette mesure la richesse produite par l'exploitant, mais elle ne mesure pas son revenu. Il y a en effet une différence entre ce que produit un agriculteur et ce qu'il gagne. Tout simplement parce qu'une partie de cette richesse est prélevée par le reste de la société : l'État au travers des taxes et impôts, les ouvriers que l'agriculteur a éventuellement embauchés, le propriétaire des terres si l'exploitant n'est que métayer ou fermier, le banquier ou l'usurier qui perçoit des intérêts si l'agriculteur s'est endetté. Notons que, dans certains cas, on peut être amené à ajouter, et non à déduire, des subventions versées par l'État aux agriculteurs.

Le revenu agricole se compose d'une part monétaire, liée aux productions commercialisées, et d'une part non monétaire, liée aux productions autoconsommées et aux dons. Par ailleurs, ce revenu agricole peut être complété par un revenu non agricole (travail occasionnel en ville, petit commerce, artisanat, prestation de services, salariat agricole, subventions) pour constituer le revenu total de la famille.

Le revenu par actif familial constitue la rémunération des personnes dont le travail a été nécessaire au fonctionnement du système. Ce paramètre tient compte de l'accès au foncier (location) et au capital (intérêts des emprunts) et des coûts d'acquisition d'une force de travail supplémentaire, alors que la valeur ajoutée nette n'en tient pas compte. Il permet ainsi d'évaluer le revenu dégagé par actif familial pour une exploitation agricole mettant en œuvre un système de production dans des conditions particulières (métayage, avec salariés, avec endettement, etc.).

Ce revenu constitue donc la rémunération de la force de travail familiale investie dans le système de production. Elle doit permettre de

subvenir aux besoins biologiques et sociaux de l'ensemble des dépendants des actifs. Les surplus éventuellement dégagés peuvent servir à accroître le niveau de vie de la famille ou être convertis en capital productif soit pour accroître le capital d'exploitation actuel, soit pour constituer un « patrimoine ». Ce patrimoine est en réalité un capital qui sera productif pour la période non active (« retraite ») ou pour la génération future (par exemple une plantation d'arbres « pour les enfants »).

Les éléments constitutifs d'un revenu sont représentés dans le schéma de la figure 14.

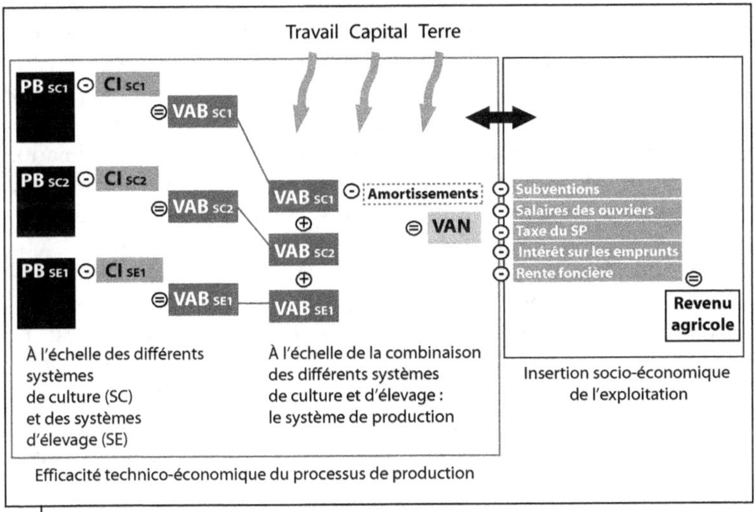

Figure 14. Élaboration du revenu agricole. PB : produit brut de l'exploitation ; CI : consommation intermédiaire ; VAB : valeur ajoutée brute ; VAN : valeur ajoutée nette ; SP : système de production.

Concevoir le dispositif d'enquête

Les enquêtes « système de production » seront menées chez les exploitants avec lesquels nous avons pu, dans les étapes précédentes, analyser les différents systèmes de culture et d'élevage identifiés dans la petite région. Il est important d'élargir ensuite l'échantillon des exploitants enquêtés, afin de :

– confirmer nos hypothèses relatives aux interactions, aux synergies et aux complémentarités existant entre les sous-systèmes ;

– prendre en compte l'ensemble de la gamme d'exploitations pratiquant un système de production donné : l'étude de cas « extrêmes » nous permettra de mieux caractériser le fonctionnement des exploitations les plus petites, dont l'enjeu est de se maintenir, et celui des plus grandes, susceptibles, du moins théoriquement, d'évoluer vers de nouveaux systèmes de production ;
– asseoir nos calculs économiques.

Lors de ces enquêtes complémentaires, il ne sera pas nécessaire d'évaluer de façon aussi détaillée chacun des systèmes de culture et d'élevage, et notamment les temps de travail, l'objectif de compréhension des cohérences internes de ces sous-systèmes étant déjà atteint.

Une fois que chaque système de production a été caractérisé et validé, on peut s'interroger sur l'importance relative de chacune des catégories d'exploitation. Une première approximation peut être faite par enquête auprès d'agriculteurs, de techniciens ou de responsables professionnels connaissant bien la région étudiée. Si une estimation plus précise est requise, une manière de procéder consiste à définir, sur la base de toutes les enquêtes réalisées de façon approfondie, les *pools* d'indicateurs synthétiques propres à chacun des systèmes étudiés – la surface exploitée par actif, la taille du troupeau, le niveau d'équipement, les rotations pratiquées, le statut foncier de l'exploitation, l'origine de l'exploitant. Le nombre de ces indicateurs n'est pas fixe. C'est le nombre d'indicateurs nécessaire et suffisant pour que, réunis au niveau d'une exploitation, ils nous autorisent à situer cette dernière dans telle ou telle catégorie. Un dispositif d'enquêtes rapides et directives, à une large échelle et selon un mode d'échantillonnage aléatoire, peut permettre de faire ces estimations. Ce procédé peut être utilisé lorsqu'on dispose d'un temps d'étude suffisant ou d'une aide. Une autre voie complémentaire est d'exploiter les statistiques lorsqu'elles existent. Cependant, ces bases de données ne peuvent vraiment nous être utiles que dans la mesure où il est possible de relier les informations les unes avec les autres à l'échelle des exploitations, ce qui est rarement le cas.

7. Comparer les systèmes de production : le retour à l'échelle régionale

Une fois que les systèmes de production ont été identifiés, décrits et analysés et que les revenus qu'ils procurent à chacun des exploitants enquêtés ont été calculés, il s'agit d'évaluer la durabilité de ces systèmes, de repérer leur fragilité ou, à l'inverse, leur capacité à se maintenir, voire à se développer dans le futur.

Pour se maintenir à long terme, une exploitation doit posséder la capacité de régénérer les potentialités du milieu qu'elle exploite. Cette capacité est évaluée, lors de l'enquête de caractérisation du système de production, au moment où l'on tente de recueillir le point de vue de l'agriculteur sur l'évolution de ses rendements et de comprendre la façon dont il gère la fertilité de ses sols, ses pâturages ou ses ressources en eau, etc., ainsi que les difficultés qu'il rencontre. Si l'on souhaite s'armer d'éléments quantitatifs pour mieux cerner l'ampleur des déséquilibres, il devient nécessaire de recourir à des analyses approfondies, externes, qui peuvent permettre d'enrichir le diagnostic mené avec les agriculteurs. Ce peut être des réalisations de profils culturaux, des analyses de sols et des bilans de fertilité, des suivis des pâturages (pour des systèmes d'élevage pastoraux) ou encore, pour des systèmes irrigués, des études agronomiques plus précises sur les besoins des cultures, sur les pratiques de gestion de l'eau dans le sol, sur l'évolution des ressources en eau.

Cependant, cette dimension agronomique ou écologique de la durabilité des systèmes de production est fortement dépendante des résultats économiques des exploitations, eux-mêmes liés aux rapports sociaux dans lesquels l'exploitation est immergée.

En effet, dans l'agriculture familiale, le système d'activité déployé par l'ensemble des membres actifs de la famille doit pouvoir satisfaire à très court terme les besoins physiologiques élémentaires qui permettent de reproduire leur force de travail à l'identique : besoins alimentaires fondamentaux, besoins de protection (logement, habillement) et de santé. À moyen terme, les revenus doivent permettre à l'exploitant de remplir les exigences minimales de la société pour s'y maintenir : offrandes, dîme, cotisations, impôts. Pour satisfaire ces besoins incompressibles, l'exploitant n'a souvent d'autre choix, quand son revenu est insuffisant, que de surexploiter le milieu en mobilisant à court terme le temps ou les moyens qu'il aurait dû consacrer au renouvellement de ce « capital-fertilité », parfois construit, à force de travail, depuis de multiples générations.

Il est important de connaître ces besoins afin de pouvoir évaluer l'efficacité des systèmes de production du point de vue des familles, et donc leur durabilité.

Évaluer les besoins

Nous considérerons ici la sphère du ménage, et non plus l'unité de production, comme échelle pertinente pour étudier des besoins et pratiques de consommation. C'est à ce niveau qu'il nous faut identifier les personnes dépendant des revenus tirés de l'exploitation (composition de la famille, âge des individus, activités menées, travail hors exploitation, études) et calculer l'ensemble des besoins minimaux de la famille : c'est le seuil de survie. De plus, il existe un seuil de revenu nécessaire pour pouvoir non seulement assurer les besoins biologiques des actifs agricoles et de leurs dépendants, mais aussi assurer leur insertion sociale : c'est le seuil de reproduction sociale.

▌ Le calcul du seuil de survie

Le seuil de survie correspond au revenu minimal par actif, le minimum nécessaire pour faire vivre un actif et les inactifs qui dépendent des fruits de son travail. C'est une valeur régionale qui sera la même pour toutes les exploitations. Pour l'approcher, il faut procéder en deux temps :

1. Estimer le nombre moyen de dépendants par actif dans la zone étudiée. Il suffit pour cela de faire la moyenne du nombre des membres des familles qui ont été enquêtées et de la diviser par la moyenne du nombre d'actifs dans chacune de ces familles. On peut en première approximation considérer qu'un homme ou une femme adulte équivaut à une bouche à nourrir, et qu'une personne âgée ou un enfant de moins de 10 ans équivaut à 0,5 bouche à nourrir.

2. Calculer la valeur des besoins incompressibles dans la région, en considérant pour une personne adulte et ses dépendants la valeur des quantités minimales de biens et services nécessaires pour une année : céréales et/ou tubercules, matières grasses, protéines (ingrédients présents dans les sauces qui accompagnent les plats), actes et produits médicaux, vêtements et sandales, logement (la valeur de son amortissement). Les prix retenus sont ceux des marchés où les familles s'approvisionnent. Toutes ces valeurs (prix et quantités) sont collectées auprès des familles les plus pauvres de la région étudiée. Elles rendent compte des pratiques réelles. Par exemple, si les agriculteurs construisent eux-mêmes leur maison, nous ne compterons pas leur temps de travail, mais juste le coût des matériaux achetés, divisé par le nombre d'années que dure une habitation. Ce sont donc des valeurs locales. Elles varient d'une région à l'autre, et en fonction de la période considérée. Le tableau 3 donne un exemple de calcul du seuil de survie.

Tableau 3. Exemple de calcul du seuil de survie.

Poste de dépense	Coût
Alimentation	
• *Repas matinal* : sorgho, niébé, manioc et café	
3 godets de sorgho à 5 cents	15 cents/jour
1 godet de niébé à 27,5 cents	27,5 cents/jour
5 tubercules de manioc à 1,25 cent	6,25 cents/jour
Café	6,25 cents/jour
• *Repas de l'après-midi*	
Bouillie de bananes plantains : 15 unités à 2,5 cents	37,5 cents/jour
• *Pendant la saison des mangues et des avocats (3 mois)*	
5 avocats à 1,25 cent	6,25 cents/jour
10 mangues à 0,60 cent	6 cents/jour
• *Consommation annuelle d'huile, de sel et de* rapadou *(pain de sucre non raffiné)*	
1 gallon d'huile à 4,5 dollars	4,5 dollars
Sel	6 dollars
1 barre de *rapadou* par 6 mois à 1,25 dollar	2,5 dollars
Dépense totale annuelle d'alimentation	361 dollars

Tableau 3. *suite*

Ustensiles de cuisine	
Marmite, seau, cuillers, assiettes	12 dollars
Hygiène	
2 barres de savon par mois à 17,5 cents	4,2 dollars
Éclairage	
0, 8 litre de pétrole par semaine à 1,25 dollar le litre	52 dollars
Achat d'une lampe tous les quatre ans	1,25 dollar
Habillement	
1 pantalon, 1 chemise, 1 robe, 5 tenues enfants, 7 sous-vêtements d'occasion, 7 paires de chaussures d'occasion	20 dollars
Logement	
Palmes pour toit et murs, changées tous les deux ans, charpente, perches et poteaux, changés tous les six ans, sommiers	30 dollars

Dans cet exemple de calcul, nous nous fondons sur une famille pauvre de sept personnes (un couple et ses cinq enfants dont l'âge s'échelonne de 2 à 10 ans), comprenant deux actifs et prenant normalement deux repas par jour. Les prix retenus sont ceux pratiqués sur le marché local pendant la période considérée, en dollars US.

Pour subvenir à leurs besoins incompressibles et à ceux de leurs dépendants, les deux actifs doivent donc avoir un revenu de l'ordre de 480 dollars, soit 240 dollars par actif par an ou 66 cents par jour. L'alimentation représente 75 % des coûts.

Le calcul du seuil de reproduction sociale

Le seuil de reproduction sociale est le revenu minimal par actif permettant de faire face à un certain nombre de coûts nécessaires au maintien à moyen terme dans une société donnée. Il s'agit non seulement de pouvoir assurer la reproduction biologique de la famille, mais également de pouvoir « sacrifier » une partie de ses ressources pour satisfaire certaines exigences qui permettent de se maintenir dans le groupe, dans le village, dans la localité, dans le pays. En retour de ces « cotisations », la famille pourra prétendre aux services de solidarité assurés par la collectivité. Il peut s'agir de la capacité de prendre en charge certaines dépenses minimales occasionnées par des fêtes religieuses ou rites (baptêmes, funérailles), à payer une dîme ou à verser un impôt.

Repérer les autres opportunités de revenu

Afin d'évaluer la durabilité économique à long terme d'un système de production, c'est-à-dire sa capacité à dégager un revenu satisfaisant pour la génération future, il est judicieux de comparer les revenus agricoles par actif aux salaires que les membres de la famille pourraient espérer gagner s'ils quittaient l'agriculture pour travailler dans d'autres secteurs économiques de la société, que ce soit localement, à la ville ou à l'étranger. C'est le coût d'opportunité de la main-d'œuvre.

Le coût d'opportunité correspond à un coût de renoncement. Il s'agit de comprendre combien un ménage agricole gagnerait ou au contraire perdrait à quitter l'agriculture pour allouer sa main-d'œuvre ailleurs. Ce coût d'opportunité de la main-d'œuvre dépend des opportunités de travail extra-agricole dans la région. Il peut s'agir du salaire minimal urbain ou du salaire journalier multiplié par le potentiel de journées travaillées dans le cas de travaux agricoles saisonniers qui impliquent une sortie de l'agriculture familiale.

À titre d'exemple, prenons le cas de Lakou Cadichon, en Haïti ; les exploitants de cette zone ont la possibilité de partir travailler en République dominicaine. Nous avons demandé à ceux qui ont l'habitude d'émigrer en République dominicaine combien un journalier peut gagner. La rémunération de la journée de travail varie selon le type de travail :
– sarclage dans les plantations de riz ou de canne, coupeur de canne : 75 gourdes, plus le repas et le logement ;
– manœuvre dans le secteur de la construction : de 125 à 200 gourdes (le salaire peut varier en fonction des relations entre employé et employeur).

Nous avons considéré que la période pendant laquelle il est facile de trouver du travail pour un Haïtien sarcleur ou coupeur de canne en situation irrégulière dure six mois. Autrement dit, un ressortissant de Lakou Cadichon travaillant en République dominicaine peut gagner : 6 mois × 26 jours × 75 = 11 700 gourdes.

Il faut parfois « aller chercher loin » : le salaire minimal d'un ouvrier non qualifié aux États-Unis constitue le coût d'opportunité de nombreux actifs agricoles dans certains pays d'Amérique du Sud. Il s'agit ici de prendre en compte les opportunités réelles : la perspective pour des jeunes ruraux sénégalais d'obtenir un jour un emploi d'ouvrier en France ou en Espagne ne s'ouvre qu'aux enfants issus des familles les plus riches, donc à certains systèmes de production.

Comparer les revenus dégagés en fonction de la surface exploitée

Une fois estimées ces nécessités et ces opportunités, les revenus agricoles générés par les différents systèmes de production peuvent être comparés entre eux et au seuil minimal de survie, au seuil de reproduction sociale ou au salaire qui peut être obtenu dans d'autres secteurs d'activité. Cette analyse comparative permet d'esquisser l'évolution probable des différents systèmes de production.

Pour poursuivre la comparaison des systèmes de production, chaque exploitation peut être figurée par un point sur un graphe où l'on reporte, en abscisse, les surfaces agricoles utilisées (SAU) et, en ordonnée, les revenus dégagés par les différents systèmes de production. Pour que les comparaisons soient possibles, il est nécessaire de ramener la superficie cultivée et le revenu au nombre d'actifs de chaque exploitation étudiée.

Les exploitations pratiquant le même type de système de production mettent en œuvre les mêmes systèmes de culture et d'élevage et disposent des mêmes combinaisons de moyens de production (terres, matériel et force de travail de nature et en proportions équivalentes). Il est intéressant, pour la suite de l'analyse et comme l'illustre la figure 15, de matérialiser ces groupes d'exploitation appartenant à un même « type » par une même couleur ou un même symbole, ce qui se traduit visuellement par différents nuages de points.

Ce mode de représentation permet deux types de comparaisons et d'analyse :
– la comparaison des résultats des différents systèmes de production et l'analyse des causes de ces différences : cette étape amène à se pencher de nouveau sur le fonctionnement technique des exploitations et à identifier les éléments clés (telle culture, tel outillage, tel mode et prix de vente, accès à tels types de sols) qui déterminent de grandes différences de revenus ;
– l'évaluation de la durabilité des différents systèmes de production, en comparant chaque nuage de points au seuil de survie et au coût d'opportunité d'un salaire minimal possible dans la région ou à l'étranger.

Lorsque les revenus dégagés semblent tous inférieurs au seuil de survie, les exploitations pratiquant ce système ne peuvent à court

terme survivre avec les seuls revenus agricoles. La reproduction de la force de travail requiert donc :

– soit l'exercice d'activités para ou extra-agricoles complémentaires en temps de travail, telles que l'artisanat, le salariat occasionnel et le petit commerce ; la durabilité des systèmes de production est donc aussi liée au devenir de ces activités extra-agricoles ;

– soit la décapitalisation, par la vente d'animaux, d'outillage, de terre ou autre.

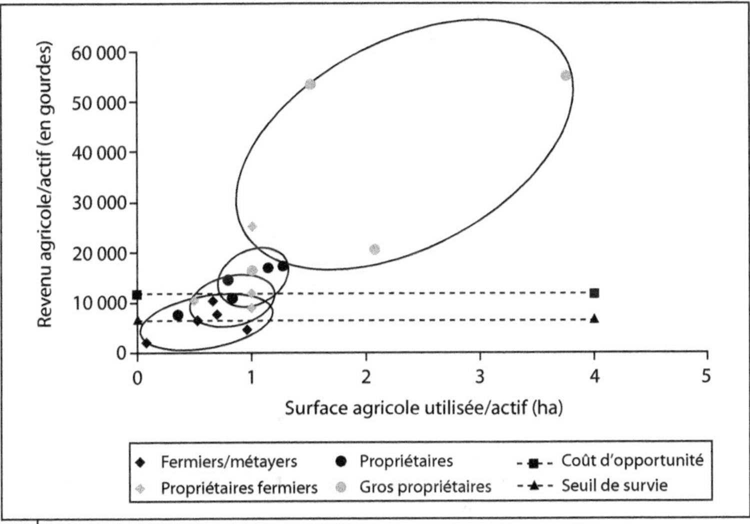

Figure 15. Élaboration d'un graphe figurant les revenus par actif en fonction de la surface par actif.

Lorsque les revenus dégagés par les exploitations agricoles sont compris entre le seuil de survie et le seuil de reproduction sociale, on peut estimer que la durabilité à moyen terme de ce type d'exploitation agricole n'est pas assurée. Les membres de la famille pourront certes renouveler leur capital et assurer leur survie biologique, mais ils ne pourront pas satisfaire les obligations sociales minimales exigées. Enfin, si les revenus dégagés sont inférieurs au salaire non agricole minimal accessible aux jeunes de la région, la question de la pérennité à long terme du système de production est posée. Le graphe précédent est un support intéressant, comme le montre la figure 16, pour identifier avec les agriculteurs les éléments de la dynamique entre catégories d'exploitations.

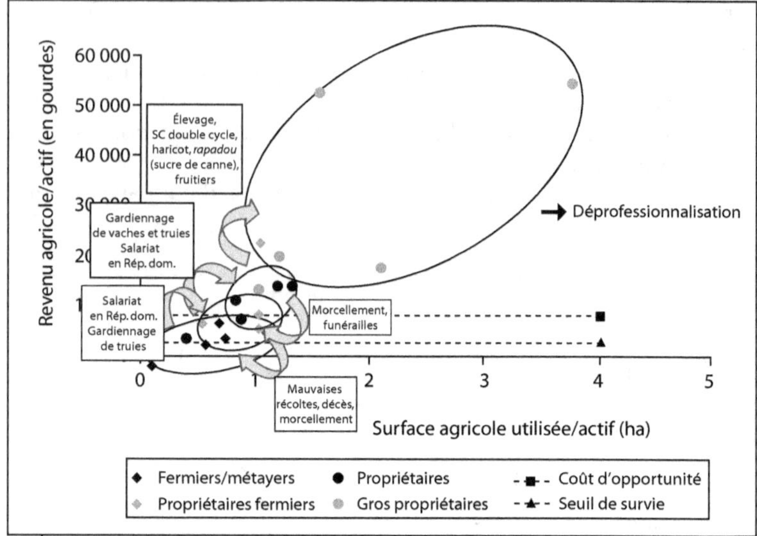

Figure 16. Représentation graphique des évolutions possibles entre catégories d'exploitations.

Des dynamiques interdépendantes

Nous avons vu que l'élaboration du revenu de l'agriculteur et de sa famille s'analyse à divers niveaux.

À l'échelle du système de culture ou du système d'élevage, la valeur ajoutée brute est la traduction de l'efficacité technico-économique d'un atelier de production. À cette échelle, de la terre, du travail et du capital ont été mobilisés.

À l'échelle de l'exploitation, la valeur ajoutée nette est elle aussi le reflet d'une efficacité technique et économique des choix techniques de l'agriculteur, c'est-à-dire des arbitrages qu'il ne cesse d'opérer : quantité de travail consacrée aux différents systèmes de culture et d'élevage selon les périodes, montant de capital investi dans chaque atelier sous forme de consommations intermédiaires et à l'échelle de l'exploitation (équipement, bâtiments et autres, pris en compte comme une dotation aux amortissements). Enfin, les différents types de terre disponibles ont été alloués aux différents ateliers selon les choix, les opportunités et les contraintes de l'agriculteur.

À l'échelle de l'exploitation, le revenu agricole rend compte non seulement de l'efficacité technique et économique de l'exploitation, mais également d'un certain nombre de prélèvements ou de subventions. Ces derniers sont, pour leur part, le reflet de l'insertion sociale de l'exploitation dans l'environnement régional, national et international. Ce sont les divers impôts et taxes sur l'activité agricole ou sur l'appareil de production collectés par l'État, les rentes foncières versées au propriétaire, les intérêts sur les emprunts contractés auprès des banquiers ou des usuriers et les salaires dus aux ouvriers agricoles. S'y ajoutent aussi les éventuelles subventions à l'agriculture distribuées par l'État.

Bien entendu, la position socio-économique d'un système de production aura des influences sur l'efficacité technico-économique (la valeur ajoutée nette) d'un système de culture ou d'élevage. Par exemple, les métayers n'ont pas autant intérêt à amender leurs sols que des agriculteurs propriétaires, et la productivité de leurs terres est souvent plus faible. De même, des agriculteurs obligés d'emprunter pour financer leur campagne vendent souvent leurs produits au plus tôt, dès la récolte, à des prix inférieurs à ceux des agriculteurs qui s'autofinancent. Ces rapports sociaux qui régissent l'accès aux facteurs de production et aux marchés guident donc aussi les pratiques et les choix techniques de l'agriculteur.

Or bon nombre de ces rapports s'établissent entre exploitants agricoles de différentes catégories. Ils peuvent concerner l'échange de produits et sous-produits agricoles entre exploitations : achat ou échange de paille, de semences, de fumier, d'animaux reproducteurs, etc. Ils peuvent également s'organiser autour de l'échange plus ou moins inégal de facteurs : terre contre force de travail, terre contre capital, eau contre terre, force de travail contre engrais. Le destin de certaines exploitations sans terres peut être lié au devenir de grandes exploitations pourvues d'« excédents » en terre, à la quantité de force de travail dont elles disposent pour exploiter ces terres, aux salaires agricoles et aux coûts de l'équipement de traction animale. Les évolutions des systèmes de production étudiés ne peuvent donc être considérées isolément les unes des autres dès lors que des rapports de production et d'échange s'établissent entre ces systèmes.

8. Conclusion : restituer les résultats du diagnostic aux agriculteurs

La restitution, une attitude permanente

Restituer les travaux du diagnostic aux agriculteurs et à leurs familles est indispensable : d'abord par simple respect et politesse vis-à-vis des familles d'agriculteurs enquêtés ; puis, pour valider les informations recueillies et proposer une certaine interprétation ; enfin, pour débattre des problèmes identifiés avec les principaux intéressés.

Mais à vrai dire, la restitution et la validation des résultats d'observation et d'enquête ne sont pas une étape en soi. C'est une posture que l'approche exige d'adopter tout au long du travail d'enquête. En effet, il est important, à tout moment, de soumettre les avancées de nos analyses aux agriculteurs, pour recueillir leurs ajouts, leurs rectifications, et ouvrir de nouvelles pistes de recherche. C'est dans ces moments de dialogue et de réflexion que le diagnostic atteindra toute sa profondeur.

À ce titre, le deuxième passage d'une enquête auprès d'un agriculteur dont on cherche à analyser le système de production ne doit pas se dérouler de la même façon que le premier. Il peut être introduit par une présentation, sous un format adapté, du traitement des données collectées lors de la première visite. L'agriculteur pourra visualiser l'utilisation qui est faite de ses dires – et donc se rassurer –, corriger des incompréhensions, valider certains résultats ou, au contraire, apporter de nouveaux éléments qui permettent de préciser les calculs et les interprétations.

Ainsi mené, ce deuxième passage d'enquête n'apparaîtra comme « pesant » ni pour l'enquêteur, ni pour l'agriculteur. Il deviendra au contraire une opportunité de coconstruction et d'appropriation du diagnostic.

La réunion de restitution finale

Même si la restitution continuelle des résultats intermédiaires aux personnes enquêtées est un leitmotiv de l'étude, la réunion finale de restitution reste incontournable. En effet, elle permet de remplir les objectifs suivants :

– mettre à la portée de l'ensemble des agriculteurs toutes les informations et analyses faites pendant l'étude, et non pas seulement celles qui concernent leurs propres exploitations. Il faudra juste prendre garde à respecter pendant la mise en commun la confidentialité des informations et l'anonymat des sources ;

– livrer une analyse dynamique et comparative à l'échelle régionale : cette démarche diffère d'une approche globale qui limite le diagnostic aux exploitations prises individuellement. La partie historique, l'analyse des processus de différenciation des exploitations, la comparaison des résultats des différents systèmes de culture et d'élevage ainsi que le graphe final permettant de comparer les systèmes de production et leurs revenus sont autant de résultats à portée régionale qui susciteront un débat collectif.

Pour que cette réunion soit une réussite, il faut veiller à :

– choisir une date et un horaire compatibles avec les activités des agriculteurs ;

– concevoir des exposés dont la durée n'est pas trop longue : 3/4 heure à 1 heure maximum pour réserver du temps pour les discussions. Selon les cas, il peut être envisagé de scinder l'exposé en deux ou trois temps suivis chacun d'un débat, pour alléger la séance ;

– faire les exposés dans la langue comprise par le plus grand nombre, et parfois même dans plusieurs langues ;

– prendre le temps de rappeler les objectifs et de présenter la démarche suivie, notamment les modes de calcul ;

– opter pour une forme simple et concrète, richement illustrée, sans perdre toute la richesse des informations données par les agriculteurs ; le vocabulaire trop abstrait sera évité, les mots scientifiques seront traduits ou expliqués.

Il n'existe pas de plan type pour ces restitutions. Cependant, le principe général reste d'aller du général au particulier, de terminer par un retour à l'échelle régionale, d'asseoir toutes les affirmations sur des démonstrations claires et de faire la part, au cours de l'exposé, entre ce qui peut être affirmé et ce qui reste à l'état d'hypothèses et doit être formulé sous forme de questions.

Enfin, il ne sera pas superflu de rappeler aux participants qu'ils sont à la source, et l'unique source, avec les observations de terrain, de toutes les informations qui ont servi à l'analyse. Il faudra leur rappeler, parce que cela reste encore inaccoutumé, que l'intention n'est pas de porter un regard d'expert et de délivrer des recommandations. Prendre le temps d'expliquer ce que l'on a compris des situations vécues, des contraintes rencontrées et des choix faits, c'est poser les bases d'un véritable dialogue qui doit permettre de poser les bonnes questions et de rechercher ensemble des pistes de solution.

Glossaire

Assolement : répartition des surfaces, à une période donnée, entre les différentes productions végétales (à ne pas confondre avec la rotation culturale).

Atelier : « En élevage ce terme désigne non pas un ensemble d'animaux, mais un sous-système caractérisé par un mode de conduite et un type de production particuliers. Par exemple, en élevage laitier, on peut distinguer l'atelier de production (les vaches laitières), l'atelier d'élevage (les génisses) et l'atelier d'engraissement des veaux. » (Landais cité dans Lhoste *et al.*, 1993)

Autoconsommation : part de la production agricole finale directement consommée par la famille de l'exploitant et non vendue sur les marchés. Elle doit être distinguée de l'intraconsommation.

Champ : étendue de terre cultivable.

Confiage : action de confier une femelle reproductrice (vache, jument, chèvre…) à un éleveur. Celui-ci est chargé d'entretenir la reproductrice et sa descendance ; en contrepartie il reçoit une partie des produits (lait, certains des jeunes nés, ou autre).

Consommations intermédiaires : valeur des biens et services achetés à d'autres entreprises et détruits lors du processus de production ou incorporés au produit : matières premières, combustibles, produits d'entretien, intrants divers tels qu'engrais et pesticides, emballages, services fournis par des entreprises extérieures. Les consommations intermédiaires ne comprennent pas l'amortissement du capital immobilisé, c'est-à-dire ayant une durée de vie supérieure à un an.

Coût d'opportunité : coût d'une ressource (par exemple la force de travail), estimé en termes d'opportunités non réalisées et d'avantages qui auraient pu être retirés de ces opportunités. Plus simplement, c'est la mesure des avantages auxquels on renonce en affectant les ressources disponibles à un usage donné.

Dépréciation du capital : perte de prix liée à l'usure ou à l'obsolescence d'un équipement pendant une période donnée.

Développement agricole : « Changement progressif du processus de production agricole dans le sens d'une amélioration du milieu cultivé, des outils, des matériels biologiques (plantes cultivées et animaux domestiques), des conditions de travail agricole et de la satisfaction des besoins sociaux. » (Mazoyer et Roudard, 1997)

Domanial : en droit, se dit de ce qui appartient à un domaine ou au domaine public, par exemple une forêt domaniale.

Droit coutumier : ensemble de règles juridiques non écrites et issues d'un usage constant dont la valeur obligatoire est généralement reconnue.

Écosystème : ensemble formé par une association ou communauté d'êtres vivants (ou biocénose) et son environnement géologique, pédologique et atmosphérique (le biotope). Les éléments constituant un écosystème développent un réseau d'interdépendances permettant le maintien et le développement de la vie. « Rares sont aujourd'hui les écosystèmes totalement naturels. La plupart ont été plus ou moins profondément artificialisés (et fragilisés) par les interventions des sociétés humaines. » (Dufumier, 1996) Un écosystème se caractérise par la biomasse – l'ensemble de la matière vivante, végétale et animale – qu'il produit.

Exploitation agricole : « Unité de production agricole dont les éléments constitutifs sont la force de travail (familiale et salariée), les surfaces agricoles, les plantations, le cheptel, les bâtiments d'exploitation, les matériels et l'outillage. C'est le lieu où le chef d'exploitation combine ces diverses ressources disponibles et met ainsi en œuvre son système de production agricole. » (Dufumier, 1996)

Exploitation agricole familiale : exploitation agricole dans laquelle les membres de la famille du chef d'exploitation fournissent l'essentiel de la force de travail utilisée pour la mise en œuvre du système de production.

Exploitation agricole capitaliste : exploitation agricole dans laquelle seule une main-d'œuvre salariée fournit la force de travail utilisée pour la mise en œuvre du système de production.

Extensif : qualifie un système de production agricole qui exige peu de travail et peu d'intrants à l'unité de surface. Les systèmes de production extensifs ont une faible valeur ajoutée annuelle à l'hectare (voir, par exemple, les systèmes d'élevage pastoraux ou les systèmes de cultures dans lesquels la reproduction de la fertilité est assurée par les friches de longue durée).

Fertilité du sol : « Aptitude d'un sol à assurer de manière régulière, sous un climat donné et dans des conditions normales de production, de bonnes conditions de croissance des cultures. La fertilité d'un sol est donc une notion relative dont l'appréciation varie suivant le type de culture pratiquée et/ou les moyens techniques mis en œuvre. Elle résulte d'une combinaison des composantes physiques (état structural), chimiques (pH, quantité d'éléments minéraux, et autres) et biologiques (faune du sol, activité microbienne…) du sol. Ces composantes déterminent l'approvisionnement des plantes en éléments nutritifs et les conditions de la croissance et du fonctionnement des racines. » (Larousse agricole)

Foncier : qui constitue un bien-fonds : immeuble, terre. (Larousse)

Forêt : formation végétale composée principalement d'arbres, mais aussi d'arbustes et d'arbrisseaux.

Friche : formation végétale résultant de l'arrêt des cultures.

Intensif : qualifie un système de production agricole qui exige de grandes quantités de travail et d'intrants à l'unité de surface. Ces systèmes dégagent généralement de très fortes valeurs ajoutées à l'hectare.

Intraconsommation : ensemble des biens produits sur l'exploitation agricole, tels que semences, paille, fumier et tiges de mil pour clôture, utilisés à leur tour à des fins de production agricole. L'intraconsommation doit être distinguée de l'autoconsommation.

Intrants : biens et services consommés dans les processus productifs (voir consommations intermédiaires).

Itinéraire technique : combinaison logique et ordonnée des opérations culturales mises en œuvre sur une parcelle agricole en vue d'obtenir une production.

Jachère : « État de la terre d'une parcelle entre la récolte d'une culture et le moment de la mise en place de la culture suivante. La jachère se caractérise, entre autres, par sa durée, par les techniques culturales qui sont appliquées à la terre et par les rôles qu'elle remplit. » (Sébillotte, 1976)

Matières organiques : « Ensemble des matières carbonées provenant de la transformation des débris végétaux et animaux : résidus de récolte, déjections et cadavres d'animaux. Certaines matières organiques tendent à se minéraliser rapidement dans les sols, notamment lorsque les conditions d'humidité, de température et d'aération sont favorables. D'autres matières organiques, plus difficiles à décomposer, tendent à fournir préalablement de l'humus avant de se minéraliser. » (Dufumier, 1996)

Parcelle : surface jointive présentant une homogénéité de milieu et de conduite technique.

Parcours : surface toujours en herbe, de très faible productivité, utilisée pour le pâturage des animaux. Un parcours peut être constitué d'une lande, d'une forêt ou de champs jointifs récoltés.

Pâturage : action et droit de faire paître les troupeaux ; espace réservé à l'alimentation en plein air du bétail.

Prairie : « Végétation continue, composée essentiellement de plantes herbacées, principalement des graminées ou des cypéracées ; les ligneux sont absents comme dans les prairies inondables ou marécageuses ou les prairies montagnardes. » (*Mémento de l'agronome*, 2002) On distingue :
– des prairies permanentes, dont la durée est indéfinie et qui sont composées de plantes très diverses ; en France elles sont souvent dénommées STH (surfaces toujours en herbe) ;
– des prairies naturelles, établies souvent sur des sols difficilement labourables ;
– des prairies temporaires, ensemencées en graminées, avec ou sans légumineuses, qui durent de 1 à 6 ou 7 ans ;
– des prairies artificielles, temporaires et ensemencées exclusivement en légumineuses (trèfle, luzerne, sainfoin ou autre). (Soltner, 1999)

Productivité du travail : « Valeur ajoutée par unité de travail. La productivité du travail peut être calculée par travailleur disponible ou rapportée à la durée effective du travail. L'augmentation de la productivité du travail dans une entreprise peut se manifester par un accroissement des valeurs ajoutées et/ou une diminution du nombre total de travailleurs nécessaires. Il importe alors d'examiner si les travailleurs dont l'entreprise n'a plus besoin sont à même de retrouver un emploi productif par ailleurs, au risque sinon de voir diminuer la productivité par travailleur disponible dans la société toute entière. » (Dufumier, 1996)

Produit brut : valeur de la production finale, c'est-à-dire des quantités finales produites (une fois ôtées les intraconsommations) multipliées par le prix unitaire de chacun des produits.

Revenu agricole : différence entre le produit brut d'une exploitation agricole et l'ensemble des charges fixes et variables pour une période donnée. Le revenu agricole doit permettre, d'une part, de rémunérer l'exploitant agricole et ses travailleurs familiaux et, d'autre part, de financer tout ou partie des investissements destinés à accroître les capacités productives de l'exploitation.

Rotation culturale : succession culturale pouvant se répéter au fil du temps.

Seuil de reproduction : « Niveau de revenu en dessous duquel il n'est plus possible pour l'exploitant agricole d'assurer à la fois le renouvellement du capital d'exploitation et la subsistance de sa famille. » (Dufumier, 1996)

Seuil de survie : revenu minimal qu'un actif doit dégager de son exploitation pour satisfaire ses besoins physiologiques incompressibles (alimentation, soins, protection) ainsi que ceux de ses dépendants, c'est-à-dire des personnes non actives qui sont à sa charge (enfants en bas âge, infirmes, personnes âgées).

Soles : ensemble de parcelles dévolues à une culture dans une exploitation ou dans un finage à un moment donné. La combinaison des différentes soles dans l'espace cultivé constitue l'assolement.

Succession culturale : ordre chronologique dans lequel différentes cultures se succèdent sur une même parcelle. Lorsqu'une même succession est répétée à intervalles réguliers, on dit que les agriculteurs pratiquent une rotation culturale.

Système agraire : « Expression théorique d'un type d'agriculture historiquement constitué et géographiquement localisé, composé d'un écosystème cultivé caractéristique et d'un système social productif défini, celui-ci permettant d'exploiter durablement la fertilité de l'écosystème cultivé correspondant. Le système productif est caractérisé par le type d'outillage et d'énergie utilisé pour défricher l'écosystème, pour renouveler et exploiter sa fertilité. Le type d'outillage et d'énergie utilisé est lui-même conditionné par la division du travail régnant dans la société de l'époque. » (Mazoyer et Roudard, 1997)

Système de culture : « Ensemble des modalités techniques mises en œuvre sur des parcelles traitées de manière identique. Chaque système de culture se définit par :
– la nature des cultures et leur ordre de succession ;
– les itinéraires techniques appliqués à ces différentes cultures, ce qui inclut le choix des variétés pour les cultures retenues. » (Sébillotte, 1976)

Système d'élevage : « Ensemble d'éléments en interaction dynamique, organisé par l'homme en vue de valoriser des ressources par l'intermédiaire d'animaux domestiques pour en obtenir des productions variées (lait, viande, cuirs et peaux, travail, fumure, etc.) ou pour répondre à d'autres objectifs. » (Landais cité par Lhoste *et al.*, 1993)

Système de production agricole : « Mode de combinaison entre terre, force et moyens de travail à des fins de production végétale et animale, commun à un ensemble d'exploitations. Un système de production est caractérisé par la nature des productions, de la force de travail (qualification), des moyens de travail mis en œuvre et par leurs proportions. » (Reboul, 1976)

Taux de profit : rapport entre le bénéfice obtenu au cours d'une période donnée (mois, trimestre, année) et la valeur totale du capital immobilisé.

Terroir : aire géographique considérée comme homogène à travers les ressources qu'elle est susceptible d'apporter, notamment (mais pas uniquement) par sa spécialisation agricole.

Trésorerie : état des ressources financières disponibles pour faire face aux dépenses nécessaires à court terme.

Unité de bovin tropical (UBT) : la norme utilisée pour cette unité est un bovin d'un poids de 250 kilos.

Unité de production : unité fondamentale de l'analyse économique, définie par le groupe d'individus qui contribuent à la production, sous la responsabilité d'un même chef de communauté, le chef d'unité de production.

Valeur ajoutée brute : produit brut diminué de la valeur des consommations intermédiaires.

Valeur ajoutée nette : valeur ajoutée brute diminuée de la dépréciation du capital fixe au cours d'une période donnée.

Végétation spontanée : par opposition à la végétation cultivée ; l'adjectif « spontané » est préféré à « naturel » pour qualifier un milieu où les interventions humaines sont si anciennes qu'elles sont peu perceptibles.

Zonage agro-écologique : construction abstraite, restituée sous forme de schémas (transects, blocs diagrammes), présentant l'identification des unités de l'écosystème exploitées de manière similaire, la caractérisation biophysique et agronomique de chacune de ces unités et leur localisation les unes par rapport aux autres.

Bibliographie

Beaud S., Weber F., 2003. *Guide de l'enquête de terrain,* collection Grands Repères Guides, La Découverte, Paris, 360 p.

Blanchet A., Gotman A., 2007. *L'enquête et ses méthodes : l'entretien,* Armand Colin Sociologie, Paris, 126 p.

Cochet H., 2005. *L'agriculture comparée ; genèse et formation d'une discipline scientifique,* Institut national agronomique de Paris-Grignon, Paris, 88 p.

Dufumier M., 1996. *Les projets de développement agricole : manuel d'expertise,* collection Économie et développement, éditions Karthala, Paris, 354 p.

Lhoste P., Dollé V., Rousseau J., Soltner D., 1993. *Manuel de zootechnie des régions chaudes,* collection Manuels et précis d'élevage, ministère de la Coopération, Paris, 288 p.

Lizet B., de Ravignan F., 1987. *Comprendre un paysage : guide pratique de recherche,* Institut national de la recherche agronomique, collection Écologie et aménagement rural, Paris, 149 p.

Mazoyer M., Roudard L., 1997. *Histoire des agricultures du monde, du néolithique à la crise contemporaine,* éditions du Seuil, Paris, 545 p.

Mémento de l'agronome, 2002. CIRAD, GRET, ministère des Affaires étrangères, Paris, 1 690 p.

Morin E, 1997. Réforme de pensée, transdisciplinarité, réforme de l'Université. *In : Quelle université pour demain ? Vers une évolution transdisciplinaire de l'université,* 30 avril-2 mai, Locarno, Suisse, Unesco, Centre international de recherches et d'études transdisciplinaires, *Motivation* n° 24.

Reboul C., 1976. Mode de production et système de culture et d'élevage, *Économie Rurale* 112 : 55-65.

Sébillotte M., 1976. Jachère, système de culture, système de production : méthodologie d'étude. *In : Actes des Journées d'études Agronomie – sciences humaines,* 5-6 juillet, Institut national agronomique de Paris-Grignon, *Journal d'Agriculture Tropicale et de Botanique Appliquée* 24 (2-3) : 241-264.

Soltner D., 1999. *Les grandes productions végétales : céréales, plantes sarclées, prairies,* Sciences et techniques agricoles, Angers, 464 p.

Index

Accès
    au crédit, 91
    aux ressources, 83
    à la terre, 57, 83, 88
Agriculture
    familiale, 1, 7, 99, 103
Alimentation animale, 48, 61, 70, 75, 79
Amortissement économique, 53, 94, 95
Analyse du milieu biophysique, 15, 31, 61
    calendrier ombro-thermique, 35
    carte topographique, 16, 17, 22
    géomorphologie, 18
    hydrographie, 15, 20, 47
    lecture du paysage, 15, 16, 18, 19, 20, 22, 23, 27, 31, 32, 61
    morphologie du paysage, 18
    topo-séquence, 22
    transect, 18, 22, 30
    unité agro-écologique, 15
    végétation, 16, 17, 18, 19, 20, 21, 22, 27
    village, 11, 21, 28, 102
    zonage agro-écologique, 22, 88
Analyse systémique, 8, 10, 11
Association agriculture-élevage, 82
Association de cultures, 21, 35, 36, 47, 48, 51, 70
Assolement, 29, 33, 34, 47, 51
Bibliographie, 13, 24, 25
Calendrier
    cultural, 35, 39, 42
    de travail, 74, 79, 89, 90, 91
    de trésorerie, 89, 91
    fourrager, 70, 75
    ombro-thermique, 35
Capital d'exploitation, 81, 83, 84, 97
Capital fixe, 53, 94
Carte topographique, 16, 17, 22

Chronogramme, 30
Consommations intermédiaires, 52, 53, 54, 77, 78, 91, 94, 106
Coût d'opportunité, 103, 104
Développement agricole, 7, 10, 12
    politique de, 12
    projet de, 10
Diagramme, 89, 93
Dynamique historique, 23, 25, 27, 28
Échelle d'analyse, 11, 13, 16, 17, 19, 23, 28, 51, 52, 53, 61, 65, 76, 81, 93, 94, 98, 99, 100, 106, 107, 110
Enquête, 12, 13, 15, 16, 18, 19, 24, 25, 26, 27, 31, 32, 33, 34, 36, 39, 42, 44, 49, 57, 58, 59, 61, 62, 63, 71, 73, 74, 75, 77, 78, 79, 83, 84, 95, 97, 98, 99, 109
    entretien historique, 25, 31, 57, 61, 83, 84
    guide d'entretien, 27, 47, 71
Entraide, 39, 42, 43, 85, 90
Équipement agricole, 20
Espèces végétales, 19, 27
    annuelles, 19, 33
    pérennes, 19
    spontanées, 27, 47
Étapes de l'étude, 11, 13, 15, 19, 22, 27, 29, 33, 70, 76, 84, 88, 104, 109
Évaluation
    mesure du travail, 39, 40, 42, 57, 73, 74, 75, 79, 85, 90, 98, 101, 105
    prix de vente des sous-produits agricoles, 50
    surface, 45, 54, 70, 79, 96
Facteurs de production, 81, 82, 83, 84, 85, 107
Fenêtre de temps, 39, 40, 41, 42, 48, 89
Fertilité
    crise de, 24, 29
    gestion de la, 89, 93

reproduction de la, 31, 46, 48, 75, 93

transfert de, 46

Flux de matière et d'énergie, 83, 89, 93

Foncier
accès au, 57, 83, 88

Géomorphologie, 18

Gestion
de la fertilité, 89, 93
des animaux, 64

Guide
d'entretien, 27, 47, 71
d'observation, 20

Histoire agraire, 23, 25, 27, 28

Hydrographie, 15, 20, 47

Itinéraire technique, 11, 32, 36, 39, 40, 48

Jachère, 21, 32, 33, 46, 47, 48, 70

Légumineuses, 33, 36, 46, 70

Limites techniques, 57, 79

Main-d'œuvre extérieure, 42

Ménage, 44, 58, 89, 91, 100, 103

Méthode d'observation, 15, 16

Mode de conduite des animaux, 28, 32, 34, 57, 61, 62, 63, 64, 74, 75, 79

Morphologie du paysage, 18

Moyens de production, 24, 31, 104

Opération culturale, 24, 36, 38, 39, 40, 42, 46, 48, 57, 69, 71, 73, 74, 75, 76, 79, 90

Parcellaire, 88

Parcelle, 9, 11, 16, 17, 18, 19, 22, 28, 32, 33, 34, 35, 36, 39, 40, 42, 43, 45, 46, 47, 48, 51, 52, 53, 54, 70, 82, 88, 89, 96

Paysage agraire, 15, 16, 18, 19, 20, 22, 23, 27, 31, 32, 61

Productivité
de la terre, 79
du travail, 55, 79, 93
nette de la terre, 96
numérique (en élevage), 64, 65, 66, 67, 68

Produit brut, 49, 50, 51, 52, 53, 54, 76, 77, 78, 91, 93, 94

Produits et sous-produits des cultures, 43

Races animales, 21, 28, 29

Rémunération brute du travail familial, 55

Rendement, 31, 35, 38, 44, 45, 48, 55, 99

Restitution, 109, 110

Revenu agricole, 50, 93, 96
amortissement économique, 53, 94, 95
consommations intermédiaires, 52, 53, 54, 77, 78, 91, 94, 106
évaluation des prix des sous-produits, 50
produit brut, 49, 50, 51, 52, 53, 76, 77, 78, 91, 93, 94
rémunération brute du travail familial, 55
valeur ajoutée brute, 53, 54, 55, 78, 79, 93, 94, 106
valeur ajoutée nette, 94, 95, 96, 106, 107

Revenu non agricole, 96

Rotation culturale, 33, 34

Sols, 9, 18, 19, 20, 22, 31, 99, 104, 107

Sous-produit, 32, 43, 45, 48, 50, 53, 72, 74, 83, 107

Succession de cultures, 33, 34, 35, 47

Système
agraire, 9, 23, 30
analyse systémique, 8, 10, 11
étapes d'analyse, 11, 13, 15, 19, 22, 27, 29, 33, 70, 76, 84, 88, 104, 109
de culture, 31, 32, 33, 34, 35, 36, 39, 42, 43, 44, 45, 46, 47, 49, 50, 51, 53, 54, 55, 57, 58, 59, 73, 75, 78, 79, 81, 82, 83, 84, 89, 90, 93, 94, 97, 98, 104, 106, 107, 110
association de cultures, 21, 35, 36, 47, 48, 51, 70

culture pure, 36, 46, 47
itinéraire technique, 11, 32, 36, 39, 40, 48
jachère, 21, 32, 33, 46, 47, 48, 70
rotation culturale, 33, 34
succession de cultures, 33, 34, 35, 47
d'élevage, 61, 62, 63, 66, 67, 68, 70, 71, 75, 76, 78, 79, 81, 99, 106
alimentation animale, 48, 61, 70, 75, 79
calendrier fourrager, 70, 75
femelle reproductrice, 64, 68
gestion des animaux, 64
prairie, 70, 73, 78
productivité numérique, 64, 65, 66, 67, 68
système fourrager, 78
taux de mise bas, 65
troupeau, 11, 61, 62, 63, 65, 67, 68, 69, 71, 72, 73, 75, 76, 77, 78, 79, 98
de production, 1, 9, 12, 50, 53, 64, 76, 78, 81, 82, 83, 84, 85, 86, 88, 89, 91, 93, 94, 95, 96, 97, 98, 99, 100, 103, 104, 105, 107, 109, 110
Tenure de la terre, 62
Topo-séquence, 22
Transect, 18, 22, 30
Travail
calendrier de, 74, 79, 89, 90, 91
échange de, 42, 85
évaluation du temps de travail, 39, 40, 42, 57, 73, 74, 75, 79, 85, 90, 98, 101, 105
fenêtre de temps, 39, 40, 41, 42, 48, 89
force de, 7, 42, 43, 48, 55, 82, 83, 85, 96, 99, 104, 107
main-d'œuvre extérieure, 42
organisation du, 75
pointe de, 39, 85, 91
productivité du, 55, 79, 93
reproduction de la force de, 105
Troupeau, 9, 28, 62, 63, 64, 66, 67, 68, 70, 76, 79
Typologie, 62, 84, 86
Unité
agro-écologique, 22, 88
de production, 11, 19, 64, 81, 83, 89, 100
Valeur ajoutée brute, 53, 54, 55, 78, 79, 93, 94, 106
Valeur ajoutée nette, 94, 95, 96, 106, 107
Variété, 19, 27, 29, 32, 35, 36, 38, 47, 48, 84
photopériodique, 35
Végétation, 16, 17, 18, 19, 20, 21, 22, 27
Village, 11, 21, 28, 102
Zonage agro-écologique, 22, 88

Illustration de couverture : Nicolas Ferraton
Édition : Chantal Guiot
Maquette : Patricia Doucet
Mise en pages : Desk
Dépôt légal : juin 2009
Imprimé pour vous par Books on Demand (Allemagne)

www.ingramcontent.com/pod-product-compliance
Lightning Source LLC
LaVergne TN
LVHW020047160726

843469LV00043B/1545